Alade Ademokoya

Sistema de pagamento eletrónico e satisfação dos clientes bancários em Ilorin

Alade Ademokoya

Sistema de pagamento eletrónico e satisfação dos clientes bancários em Ilorin

ScienciaScripts

Imprint

Cover image: www.ingimage.com

This book is a translation from the original published under ISBN 978-3-659-82411-1.

Publisher:
Sciencia Scripts
is a trademark of
Dodo Books Indian Ocean Ltd. and OmniScriptum S.R.L publishing group

120 High Road, East Finchley, London, N2 9ED, United Kingdom
Str. Armeneasca 28/1, office 1, Chisinau MD-2012, Republic of Moldova, Europe
Managing Directors: Ieva Konstantinova, Victoria Ursu
info@omniscriptum.com

Printed at: see last page
ISBN: 978-620-8-62234-3

ÍNDICE DE CONTEÚDOS

DEDICAÇÃO

Este trabalho é dedicado à causa de DEUS Todo-Poderoso, que me proporcionou os recursos necessários para a realização deste feito.

CAPÍTULO 1: INTRODUÇÃO

1.1 Antecedentes do estudo

Antes do aparecimento do sistema de pagamento eletrónico na Nigéria, as transacções bancárias eram feitas manualmente, o que atrasava o processo de liquidação, uma vez que os lançamentos eram feitos de um livro-razão para outro. À medida que o processo de liquidação eletrónica começou a evoluir e a substituir o processo de liquidação manual, os indivíduos, os clientes e as empresas, entre outros, começaram a adotar a nova tecnologia. Apesar da série de inovações na plataforma de pagamento eletrónico, as filas de espera e o elevado número de transacções em numerário ainda representavam mais de 99% do total de transacções em dezembro de 2011, tal como indicado pela CBN em 2012. Talvez os clientes não estejam satisfeitos com a plataforma de pagamento eletrónico, o que levou à existência de filas de espera e à elevada utilização de numerário.

No final da década de 1980, a utilização de numerário para a compra de bens de consumo nos EUA registou um declínio constante (Humphrey, 2004). Por conseguinte, a maioria dos países menos desenvolvidos, como a Nigéria, está a fazer a transição de uma economia puramente monetária para uma economia "sem numerário" para fins de desenvolvimento. Não é de admirar que o Banco Central da Nigéria tenha introduzido recentemente uma política sem numerário (Odior e Banuso, 2012).

A Nigéria não pode dar-se ao luxo de cruzar os braços e ver outros países ocuparem o seu lugar de destaque no sistema de pagamento eletrónico. É verdade que nenhum país pode funcionar da melhor forma sem um sistema financeiro eficiente, que pode ser desencadeado pelo sistema de pagamento eletrónico (Nwaolisa e Kasie, 2012).

Uma das principais funções do Banco Central da Nigéria (CBN) é a gestão e a promoção de um sistema financeiro sólido e, em conformidade com este mandato, a declaração de missão do CBN é ser proactivo no fornecimento de um quadro estável para o desenvolvimento económico através da implementação eficaz, eficiente e transparente da política monetária e cambial e da gestão do sistema financeiro (Banco Central da Nigéria, 2011). Para o efeito, o CBN introduziu recentemente uma nova política designada "política sem numerário" (Okey, 2012). Enquanto agente financeiro do governo federal, o CBN introduziu esta política para minimizar o branqueamento de capitais, o financiamento do terrorismo e outros crimes económicos e financeiros na Nigéria (CBN, 2012).

Mais importante ainda, a política visa reduzir a quantidade de dinheiro físico em circulação e encorajar mais transacções electrónicas com vista a cumprir o requisito da agenda de transformação da Nigéria 20:20;20 (Okey, 2012).

1.2 Declaração do problema

O custo das transacções com numerário no sistema financeiro nigeriano foi estimado em 114,5 mil milhões de euros em 2009 e atingiu 192 mil milhões de euros em 2012. Com base nas estatísticas de 2009, 24%, 67% e 9% do custo do numerário estão relacionados com o custo do numerário em trânsito, o custo do processamento do numerário e o custo da gestão do cofre, respetivamente (Banco Central da Nigéria, 2012). De acordo com Nwaolisa e Kasie (2012), "o pagamento eletrónico de retalho foi concebido para ajudar os clientes individuais e as empresas, bem como os bancos, a eliminar ou reduzir alguns dos problemas inerentes ao processo de liquidação e pagamento".

No entanto, apesar da série de inovações tecnológicas que foram adoptadas no sector bancário nigeriano, a utilização de numerário continua a ser muito elevada, uma vez que as transacções em numerário representavam mais de 99% das actividades dos clientes nos bancos nigerianos em dezembro de 2011 (CBN, 2012). Além disso, os balcões dos bancos continuam a estar imersos em longas filas de espera, à medida que as pessoas entram para receber os seus salários mensais (Nwaolisa e Kasie, 2012). É possível que os clientes não estejam satisfeitos com a utilização do sistema de pagamento eletrónico, razão pela qual as transacções em numerário não diminuíram nas agências bancárias como previsto. Por conseguinte, este estudo avalia o impacto do sistema de pagamento eletrónico na satisfação dos clientes bancários.

1.3 Questões de investigação

Para efeitos do presente estudo, são colocadas as seguintes questões de investigação:

i. Quais são os factores que influenciam a adoção do sistema de pagamento eletrónico pelos clientes bancários na metrópole de Ilorin, no Estado de Kwara?

ii. Que impacto tem o sistema de pagamento eletrónico na minimização da utilização de dinheiro pelos clientes na metrópole de Ilorin?

iii. Qual o impacto do sistema de pagamento eletrónico na minimização das filas de espera dos clientes na metrópole de Ilorin?

iv. Quais são os benefícios associados à utilização do sistema de pagamento eletrónico na metrópole de Ilorin?

v. Quais são os desafios associados à utilização do sistema de pagamento eletrónico na metrópole de Ilorin?

1.4 Objectivos do estudo

O objetivo geral deste estudo é examinar o impacto do sistema de pagamento eletrónico na satisfação dos clientes bancários na metrópole de Ilorin, no Estado de Kwara, na Nigéria.

Os objectivos específicos são os seguintes:

i. identificar os factores que influenciam a adoção do sistema de pagamento eletrónico pelos clientes bancários na metrópole de Ilorin

ii. avaliar o impacto do sistema de pagamento eletrónico na utilização de numerário pelos clientes na metrópole de Ilorin

iii. examinar o impacto do sistema de pagamento eletrónico na minimização das filas de espera nas agências bancárias da metrópole de Ilorin

iv. examinar as vantagens associadas ao sistema de pagamento eletrónico na metrópole de Ilorin

v. avaliar os desafios associados à utilização do sistema de pagamentos electrónicos na metrópole de Ilorin

1.5 Justificação do estudo

A análise da literatura mostrou que foram realizados muitos estudos empíricos sobre o sistema de pagamento eletrónico e a sua adoção na Nigéria. Akhalumeh e Ohiokha (2012) investigaram a economia sem numerário da Nigéria: os imperativos. O seu estudo revelou que a maioria dos nigerianos já tem conhecimento da política e concorda que esta ajudará a travar a corrupção/lavagem de dinheiro e a reduzir o risco de transportar dinheiro.

Nwaolisa e Kasie (2012) analisaram os sistemas de pagamento eletrónico de retalho: aceitabilidade dos utilizadores e problemas de pagamento na Nigéria. As suas conclusões revelaram que a utilização de numerário continua a ser muito elevada, independentemente dos esforços do Banco Central da Nigéria no sentido de adotar o sistema de pagamento eletrónico.

Nwankwo e Eze (2013) centraram-se no pagamento eletrónico na economia sem numerário da Nigéria: problemas e perspectivas. O seu estudo indicou que o sistema de pagamento eletrónico tem grandes implicações na economia sem numerário da Nigéria, mas concordaram que o sistema de pagamento eletrónico conduzirá a uma diminuição significativa da mobilização de depósitos e da concessão de crédito pelos bancos de depósitos nigerianos.

Outros estudos disponíveis concentraram-se na perceção dos banqueiros sobre a banca eletrónica na Nigéria e revelaram que os banqueiros na Nigéria consideravam a banca eletrónica como uma ferramenta para minimizar os inconvenientes, reduzir os custos das transacções, alterar o padrão de filas de espera dos clientes e poupar tempo aos clientes (Agboola, 2006; Ayo, Ekong, Fatudimu e Adebiyi, 2008; Oladejo e Akanbi, 2012).

A razão de ser deste estudo decorre de investigações anteriores, em que quase todos os estudos se concentraram no sistema de pagamento eletrónico do ponto de vista da perceção dos banqueiros. Tanto quanto sei, os estudos que analisaram o sistema de pagamento eletrónico na perspetiva da satisfação dos clientes bancários na Nigéria são muito escassos.

Este estudo seria de grande utilidade, uma vez que se propõe investigar uma área importante que os estudos anteriores disponíveis não exploraram, especialmente na Nigéria. O significado do resultado desta investigação irá, portanto, expandir as fronteiras do conhecimento, no que diz respeito à satisfação dos clientes bancários e ao sistema de pagamento eletrónico. Seria um excelente ponto de referência para os banqueiros, os clientes, as empresas, as partes interessadas relevantes e o governo, especialmente os órgãos reguladores, em termos de formulação de políticas relevantes.

1.6 Hipóteses do estudo

Com base nos objectivos de investigação do estudo, foram testadas as três (3) hipóteses seguintes:

i. HO1: Não existe uma relação significativa entre o sistema de pagamento eletrónico e a satisfação do cliente bancário

ii. HO2: Não existe uma relação significativa entre o sistema de pagamento eletrónico e a utilização de numerário pelos clientes.

iii. HO3: Não existe uma relação significativa entre o sistema de pagamento eletrónico e a minimização das filas de espera.

1.7 Âmbito do estudo

Este estudo abrange os clientes bancários que utilizam o sistema de pagamento eletrónico na metrópole de Ilorin, no Estado de Kwara, na Nigéria. O estudo abrange o período de 2012 a 2013, que corresponde ao período pós-implementação da política nigeriana de não utilização de numerário.

CAPÍTULO 2: REVISÃO DA LITERATURA

2.0 INTRODUÇÃO

Foram publicados muitos artigos, revistas e trabalhos de investigação sobre a adoção de sistemas de pagamento eletrónico ou e-payment na Nigéria pelos bancos, para melhorar a prestação de serviços aos clientes. O custo das transacções em numerário é elevado no sistema financeiro da Nigéria. Foi estimado em 114,5 mil milhões de euros em 2009, dos quais 24%, 67% e 9% do custo do numerário estão relacionados com o custo do numerário em trânsito, o custo do processamento do numerário e a gestão do cofre, respetivamente (Banco Central da Nigéria, 2012). De facto, estima-se que o custo direto do numerário atinja N 192 mil milhões em 2012 (Banco Central da Nigéria, 2012). A fim de manter e aumentar o número de clientes, os bancos têm de identificar e compreender os factores que estes utilizam para avaliar os serviços bancários pela Internet, o que terá um impacto global na sua perceção da qualidade e satisfação dos serviços bancários pela Internet. Durante muitos anos, contabilistas, banqueiros, especialistas em tecnologia, empresários e outros profissionais defenderam a substituição do numerário físico e a introdução de soluções de pagamento de retalho mais flexíveis, eficientes e económicas, em conformidade com a tendência mundial (Fasan, 2007; Oladejo e Akanbi, 2012).

De acordo com Nwaolisa e Kasie (2012), "o pagamento eletrónico de retalho foi concebido para ajudar os clientes individuais e as empresas, bem como os bancos, a eliminar ou reduzir alguns dos problemas inerentes ao processo de liquidação e pagamento". No entanto, apesar da série de inovações tecnológicas que foram adoptadas no sector bancário nigeriano, a utilização de numerário continua a ser muito elevada, uma vez que as transacções em numerário representavam mais de 99% das actividades dos clientes nos bancos nigerianos em dezembro de 2011 (Banco Central da Nigéria, 2012). Assim, o presente estudo centra-se na questão de saber se a utilização de um sistema de pagamento eletrónico proporciona a máxima satisfação do cliente. Este capítulo discutiu o quadro concetual, apresentou os antecedentes teóricos e analisou alguns estudos empíricos disponíveis.

2.1 Quadro concetual

A manutenção da eficiência operacional, bem como a obtenção de vantagens competitivas, são incentivos que encorajam os bancos a adotar novas tecnologias de operações. Os bancos que exploram as novas tecnologias podem obter vantagens competitivas através da quota de mercado, da satisfação dos clientes e do desempenho global da empresa (Peffers, 1991).

2.1.1 Atividade bancária

Segundo Oyedokun (2002), o decreto relativo aos bancos e outras instituições financeiras (BOFID, 1991) definiu a atividade bancária como "a atividade de receção de depósitos em conta corrente, conta poupança ou outras contas semelhantes, o pagamento ou a cobrança de cheques, sacados ou pagos pelos clientes, a concessão de financiamento ou qualquer outra atividade que o Governador (do Banco Central da Nigéria) possa, por despacho publicado no jornal oficial, designar como atividade bancária". "Segundo a Investopedia (2013), a atividade bancária é vista como "as transacções financeiras de uma empresa com uma instituição que concede empréstimos comerciais, crédito, poupanças e contas correntes especificamente para empresas e não para particulares. A banca de negócios é também conhecida como banca comercial e ocorre quando um banco ou divisão de um banco lida apenas com empresas."

2.1.2 Cliente bancário

Um cliente bancário é uma pessoa que utiliza um ou mais dos serviços prestados pelo banco. Um cliente é uma pessoa através da qual o banco tem a oportunidade de obter um lucro em troca do serviço que pode prestar ao cliente. Uma pessoa pode tornar-se cliente de um banco quando este aceita a sua oferta (Oyedokun, 2002). Esta aceitação pode ser condicionada pelo facto de o cliente fornecer referências satisfatórias ou concordar com a abertura imediata de uma conta, com o direito de a encerrar imediatamente se não receber referências satisfatórias. Tal como consta do acórdão Ladbroke & Co. Todd 1914, uma pessoa torna-se cliente de um banco quando se dirige ao banco com dinheiro ou cheque e pede a abertura de uma conta em seu nome, e o banco aceita o dinheiro ou cheque e está preparado para abrir uma conta em nome dessa pessoa (Oyedokun, 2002). A relação entre um cliente e um banqueiro é essencialmente contratual e é fundamentalmente a de devedor e credor, com os papéis por vezes invertidos e por vezes temperados com relações de agência (Oyedokun, 2002).

2.1.3 Satisfação dos clientes

Os clientes obtêm satisfação com os serviços bancários de duas formas. As duas formas são a satisfação global do cliente e a satisfação específica da situação. A satisfação global é definida como uma avaliação baseada nas experiências globais dos clientes com um prestador de serviços ao longo de um determinado período de tempo (Garbarino e Johnson, 1999). A satisfação específica da situação é entendida como uma avaliação imediata após a compra ou um julgamento da experiência transacional mais recente com a empresa (Garbarino e Johnson, 1999). A satisfação é a avaliação que o cliente faz de um produto ou serviço em termos de ter ou não satisfeito as suas necessidades e expectativas. Os clientes felizes e satisfeitos comportam-se de forma positiva. A satisfação do cliente deriva em grande medida da qualidade e fiabilidade dos produtos e serviços. No entanto, quase todos os bancos nigerianos se deparam com problemas semelhantes para satisfazer as expectativas dos clientes em matéria de serviços e de satisfação dos clientes (Adeoye e Lawanson, 2012).

2.1.4 Sistema de pagamentos electrónicos

Um sistema de pagamento é utilizado para a transferência de dinheiro. A maioria dos sistemas de pagamento modernos utiliza substitutos do numerário. O pagamento eletrónico pode ser definido como o pagamento por crédito direto, transferência eletrónica de dados do cartão de crédito ou outros meios electrónicos, em oposição ao pagamento por cheque e numerário (Agabonifo, Adeola e Oluwadare, 2012). De acordo com Humphrey, Kim e Vale (2001), o pagamento eletrónico refere-se a dinheiro e transacções associadas implementadas através de meios electrónicos. Normalmente, tal implica a utilização de redes informáticas, como a Internet, e de sistemas digitais de valor armazenado. O sistema permite que as facturas sejam pagas diretamente a partir de contas bancárias, sem a necessidade de estar presente no banco e sem a necessidade de escrever e enviar cheques. O termo (pagamento eletrónico) inclui cartões de débito, cartões de crédito, transferências electrónicas de fundos, débitos diretos, banca pela Internet e sistemas de pagamento por comércio eletrónico (Zika, 2005). Um bom sistema de pagamento deve dar aos utilizadores a oportunidade de usufruir da(s) conveniência(s) do pagamento (incluindo a flexibilidade), da fiabilidade e segurança do método de pagamento, da qualidade do serviço (como a rapidez com que o pagamento é processado), do gosto e da demografia; e do mecanismo de feedback para melhorar a prestação do serviço.

Nos países em desenvolvimento, o subdesenvolvimento do sistema de pagamentos electrónicos constitui um sério obstáculo ao crescimento do comércio eletrónico. Nestes países, os empresários não podem aceitar pagamentos com cartão de crédito através da Internet devido a questões jurídicas e comerciais. A questão principal é a segurança das transacções. A ausência ou inadequação da infraestrutura jurídica que rege o funcionamento dos pagamentos electrónicos é também uma preocupação. Por conseguinte, os bancos com operações de banca eletrónica recorrem a acordos de serviços entre si e os seus clientes. O sector dos cartões de crédito, relativamente pouco desenvolvido em muitos países em desenvolvimento, constitui também um obstáculo ao comércio eletrónico. Apenas um pequeno segmento da população pode comprar bens e serviços através da Internet devido à reduzida base de mercado dos cartões de crédito. Existe também o problema da exigência de consentimento explícito (ou seja, uma assinatura) por parte do titular do cartão antes de uma transação ser considerada válida - uma exigência que não existe em alguns dos países em desenvolvimento (Agabonifo *et al.*, 2012).

2.1.5 Meios de pagamento eletrónico.

Alguns dos métodos emergentes utilizados nos pagamentos electrónicos são as caixas automáticas (ATM), os cartões de débito, os cartões de crédito, as transferências electrónicas de fundos no ponto de venda (EFT/POS), a banca telefónica, os telemóveis, os cartões inteligentes, a banca no computador pessoal [Home Banking], os pagamentos em linha/na Internet, o marketing na Internet, o cheque eletrónico, as carteiras electrónicas, o sistema digitalizado de "dinheiro eletrónico" e os pagamentos digitais de pessoa a pessoa (P2P) (Agabonifo *et. al.*, 2012). De acordo com Agabonifo *et. al* (2012), algumas das técnicas representam a automatização de métodos de pagamento existentes, enquanto outras são novas. Estas incluem:

a. Caixa automático (ATM)

O ATM é um terminal de computador combinado com um cofre de dinheiro e um sistema de manutenção de registos numa única unidade, permitindo que os clientes entrem no sistema de manutenção de registos do banco com um cartão de plástico que contém um número de identificação pessoal (PIN). Também pode ser acedido através da introdução de um número de código especial no terminal de computador ligado aos registos informatizados do banco (Rose, 1999). Localizado principalmente fora dos bancos, também pode ser encontrado em aeroportos, centros comerciais e locais distantes dos escritórios do banco de origem, oferecendo vários serviços bancários de retalho aos clientes. Embora tenham sido inicialmente introduzidos como máquinas de distribuição de dinheiro, atualmente oferecem uma vasta gama de serviços, como a realização de depósitos, a transferência de fundos entre duas ou mais contas e o pagamento de facturas (Balachandher, Santha, Norazlin e Prasad, 2001).

b. Transferência eletrónica de fundos no ponto de venda (EFT/POS)

O EFT/POS é um sistema em linha que envolve a utilização de cartões de plástico em terminais nas instalações dos comerciantes e permite aos clientes transferir fundos instantaneamente das suas contas bancárias para as contas dos comerciantes quando efectuam compras. Utiliza um cartão de débito para ativar um processo EFT (Leow, 1999). De facto, inclui dois mecanismos distintos: cartões de débito e de crédito.

c. Cartões de débito

Trata-se de uma nova forma de transferência de valores, em que o titular do cartão, após ter introduzido um PIN, utiliza um terminal e uma rede para autorizar a transferência de valores da sua conta para a de um comerciante. Introduzidos mais recentemente, os cartões de débito, juntamente com os cartões de crédito, representam o método de pagamento que regista o crescimento mais rápido em vários países em desenvolvimento. Quando um pagamento é efectuado através de um cartão de débito, os fundos são imediatamente retirados da conta bancária do comprador. A vantagem é que o comprador tem os fundos para efetuar a compra e pagá-la de imediato, pelo que não há qualquer choque com o cartão de crédito quando o extrato chega pelo correio.

d. Cartões de crédito

Trata-se de um cartão de plástico que garante a um vendedor que a pessoa que o utiliza tem uma notação de crédito satisfatória e que o emissor se certificará de que o vendedor recebe o pagamento dos bens ou artigos entregues. É a recolha automática de dados sobre as compras efectuadas numa conta de crédito rotativo.

e. Banca telefónica

A banca telefónica ou telebanco é uma forma de banca virtual que presta serviços financeiros através de dispositivos de telecomunicações. No âmbito deste mecanismo, o cliente efectua transacções através da marcação de um telefone com linha tátil ligado a um sistema automatizado do banco. Normalmente, isto é feito através da tecnologia de resposta automática de voz (AVR). Balachandher *et al.* (2001) descreveram numerosas vantagens do telebanco para os utilizadores finais. Para os clientes, proporciona uma maior comodidade, um acesso alargado e uma poupança de tempo significativa. Em vez de se deslocarem ao banco ou visitarem uma caixa multibanco, os serviços bancários de retalho servem o mesmo objetivo, permitindo que os clientes obtenham os serviços no seu escritório ou em casa. Isto poupa tempo e dinheiro aos clientes e proporciona mais comodidade para uma maior produtividade (Leow, 1999).

f. Móvel

De acordo com Zika (2005), um pagamento móvel é considerado um pagamento eletrónico efectuado através de um dispositivo móvel (por exemplo, um telemóvel ou um PDA - Personal Digital Assistant (PDA) é um pequeno computador de mão), que utiliza um dispositivo móvel para iniciar e confirmar o pagamento eletrónico. No domínio dos pagamentos, a oportunidade dos telemóveis reside no cartão SIM (inteligente) incorporado, utilizado para armazenar informações dos utilizadores. Costello (2003) previu que, num futuro próximo, seriam inevitáveis novos desenvolvimentos no domínio dos pagamentos móveis. Os dispositivos móveis poderão ser utilizados em micro-pagamentos, como estacionamento, bilhetes e carregamento de telemóveis.

g. Cartões inteligentes

Um cartão inteligente é um cartão de plástico com um chip de computador inserido, que armazena e transacciona dados entre utilizadores. Os dados, sob a forma de valor ou informação, são armazenados no chip do cartão, quer se trate de uma memória ou de um microprocessador. "Os sistemas melhorados de cartões inteligentes são utilizados atualmente em várias aplicações-chave, incluindo cuidados de saúde, bancos, entretenimento e transportes. Uma das caraterísticas deste cartão é que melhora a segurança e a conveniência das transacções. O sistema funciona virtualmente em qualquer tipo de rede e fornece segurança para a troca de dados.

h. Banca por computador pessoal (Home Banking)

Este termo é utilizado para uma variedade de métodos relacionados, através dos quais um pagador utiliza um dispositivo eletrónico em casa ou no local de trabalho para iniciar o pagamento a um beneficiário. Para além da tecnologia informática, pode ser realizado através do telefone e do IVR - Interactive Voice Response [IVR], uma aplicação de software que utiliza tanto o teclado tátil como a seleção de entrada de voz do telefone e assegura que a resposta é recebida por fax, voz, correio eletrónico, chamada de retorno ou outros meios (Costello, 2003). Costello considera o PC-Banking como um serviço que permite aos clientes do banco aceder a informações sobre as suas contas através de uma rede proprietária, normalmente com a ajuda de software proprietário instalado no seu computador pessoal. É utilizado para executar uma variedade de tarefas bancárias de retalho e oferece ao cliente serviços 24 horas por dia. Balachandher *et al.* (2001) descreveram o PC-banking como tendo a vantagem de reduzir os custos, aumentar a velocidade e melhorar a flexibilidade das transacções comerciais.

i. Pagamentos em linha/Internet

É o meio pelo qual os clientes efectuam transacções com um banco através da utilização da rede Internet. Os clientes podem aceder às suas contas bancárias e efetuar transferências através de um sítio Web fornecido pelo banco e obedecendo a alguns controlos de segurança rigorosos. O Manual de Internet Banking do Gabinete do Controlador da Moeda (OCC) do Conselho da Reserva Federal de Chicago descreve a Internet Banking como "a prestação de serviços (bancários) tradicionais através da Internet" (Mantel, 2000).

A Internet é capaz de oferecer uma liquidação instantânea das transacções e a perspetiva de um sistema de pagamento altamente rentável para transacções de baixo valor. A Internet tem o potencial de atingir a maioria dos clientes, uma vez que pode divulgar "material publicitário" através da World Wide Web.

j. Marketing na Internet

O marketing na Internet, também conhecido como marketing digital, webmarketing, marketing em linha , marketing de pesquisa ou e-marketing, é a comercialização de produtos ou serviços através da Internet. O marketing na Internet não se refere apenas ao marketing na Internet, mas inclui também o marketing feito por correio eletrónico e meios de comunicação sem fios. Os dados digitais dos clientes e os sistemas de gestão eletrónica das relações com os clientes [ECRM] são também frequentemente agrupados no marketing na Internet. O marketing na Internet associa os aspectos criativos e técnicos da Internet, incluindo a conceção, o desenvolvimento, a publicidade e a venda. O marketing na Internet também se refere à colocação de meios de comunicação ao longo de muitas fases diferentes do ciclo de envolvimento do cliente através do marketing para motores de busca [SEM], da otimização para motores de busca [SEO], de faixas publicitárias em sítios Web específicos, do marketing por correio eletrónico e de estratégias Web 2.0.

O marketing na Internet é pouco dispendioso quando se examina a relação entre o custo e o alcance do público-alvo. As empresas podem atingir uma vasta audiência por uma pequena fração do orçamento de publicidade tradicional. A natureza do meio permite que os consumidores pesquisem e comprem produtos e serviços de forma conveniente. Por conseguinte, as empresas têm a vantagem de apelar aos consumidores num meio que pode produzir resultados rapidamente. Os comerciantes da Internet também têm a vantagem de medir as estatísticas de forma fácil e económica. Isto implica que quase todos os aspectos de uma campanha de marketing na Internet podem ser rastreados, medidos e testados. Os anunciantes podem utilizar uma variedade de métodos, como o pagamento por impressão, o pagamento por clique, o pagamento por jogo e o pagamento por ação. Assim, os profissionais de marketing podem determinar que mensagens ou ofertas são mais apelativas para o público. Os resultados das campanhas podem ser medidos e acompanhados imediatamente, porque as iniciativas de marketing em linha exigem normalmente que os utilizadores cliquem num anúncio, visitem um sítio Web e realizem uma ação específica.

k. Cheque eletrónico

Os cheques electrónicos são sinónimos de cheques em papel. A compensação entre o pagador e o beneficiário baseia-se no sistema de liquidação bancária existente e bem conhecido. A única diferença entre os cheques em papel e os cheques electrónicos é a desmaterialização do instrumento de pagamento que, na tecnologia mais recente, é transmitida através de redes informáticas como a Internet. Os cheques electrónicos, também conhecidos por e-cheques, são cheques virtuais que permitem aos consumidores utilizar a Internet para efetuar pagamentos com cheques. O comprador preenche um formulário (que se parece com um cheque no ecrã) com as informações necessárias e, em seguida, clica no botão "enviar". A informação passa então por um computador ou por um serviço de transacções, dependendo da forma que se escolher para aceitar pagamentos com cheques (Corey, 2012).

l. Bolsas/carteiras electrónicas

Existem duas categorias de carteiras electrónicas, a saber (i) Carteiras electrónicas que armazenam números de cartões. Trata-se de uma carteira virtual que pode armazenar informações sobre cartões de crédito e cartões de débito. Outras informações que podem ser armazenadas neste cartão são palavras-passe, cartões de membro e informações de saúde. Algumas das carteiras electrónicas facilitam aos consumidores a compra de bens utilizando o cartão. (ii) Carteiras electrónicas que armazenam números de cartões e dinheiro. A segunda categoria de carteira digital é aquela em que os consumidores armazenam dinheiro digital, que foi transferido de um cartão de crédito, de um cartão de débito ou de um cheque virtual, dentro das suas carteiras electrónicas. Funciona como uma conta-poupança virtual onde são efectuados os débitos relativos às compras em curso, nomeadamente os micro-pagamentos.

m. Sistemas de "dinheiro eletrónico" digitalizado

O sistema de pagamento em numerário eletrónico assume a forma de mensagens codificadas e representa o equivalente encriptado do dinheiro digitalizado. Um dos principais atractivos é o facto de evitar o tempo e as despesas associadas à aprovação de um comerciante que aceite cartões de crédito. O sistema de dinheiro eletrónico digitalizado não requer a utilização de um intermediário, pelo que qualquer pessoa pode efetuar o pagamento diretamente. No entanto, a maioria dos sistemas actuais exige o envolvimento direto de um banco para o seu sistema de emissão de dinheiro digital. Um banco é vital para o esquema, uma vez que é necessário para manter as garantias e para fornecer a liquidação final do dinheiro eletrónico para moedas mais diretamente convertíveis."

n. Pagamentos digitais pessoa-a-pessoa (P2P)

O P2P baseado em bancos permite que qualquer pessoa com um endereço de correio eletrónico ou um número de telemóvel envie dinheiro de contas bancárias e cartões de crédito por via eletrónica. Utiliza serviços de correio eletrónico para notificar os destinatários de uma transferência de fundos iminente.

A maioria das P2P baseadas em bancos exige que o remetente se registe no sítio P2P. A maioria dos fornecedores permite aos utilizadores movimentar um montante limitado de dinheiro em todo o mundo. As empresas que oferecem serviços de pagamento P2P incluem a MasterCard, o cartão VISA, etc.

2.1.6 Política da Nigéria sem dinheiro

A política sem numerário, que entrou em vigor a 1 de abril de 2012 em Lagos como projeto-piloto, fixa as transacções diárias em numerário ao balcão para pessoas singulares e colectivas em cento e cinquenta mil nairas (₦ 150 000) e um milhão de nairas (₦ 1 000 000) respetivamente. No entanto, estes montantes foram posteriormente revistos em alta para quinhentos mil nairas (₦ 500 000) e três milhões (₦ 3 000 000) para pessoas singulares e colectivas, respetivamente (Banco Central da Nigéria, 2012; Okey, 2012). Todas as transacções em numerário no mercado de balcão (OTC) que excedam o montante acima referido para pessoas singulares e organizações empresariais estão sujeitas a uma taxa. A essência da política é mudar a economia de uma economia baseada em numerário para uma economia sem numerário. Assim, está orientada para a criação de um sistema de pagamentos eficiente, assente em transacções electrónicas. As transacções electrónicas visam impulsionar o desenvolvimento e a modernização do sistema de pagamentos da Nigéria, em conformidade com o seu objetivo de estar entre as 20 maiores economias do mundo até 2020 (Banco Central da Nigéria, 2011). É um dado adquirido que um sistema de pagamentos eficiente e moderno é um fator essencial e uma condição sine qua non para impulsionar o crescimento e o desenvolvimento. A política também tem como objetivo melhorar a eficácia da política monetária na gestão da inflação na economia (Banco Central da Nigéria, 2012; Okey, 2012). A política de não utilização de numerário aplica-se a todas as contas, incluindo as contas de cobrança, e os limites de numerário aplicam-se a uma conta independentemente do canal (ou seja, se é ao balcão, ATM, cheques de terceiros levantados ao balcão, etc.). No que diz respeito ao numerário, qualquer levantamento ou depósito que ultrapasse os limites implica uma taxa de serviço (Banco Central da Nigéria, 2011). A taxa é suportada pelo titular da conta e é de cerca de N100 por cada 1000 em despesas bancárias (Abiodun e Chima, 2012). No entanto, o limite não impede os clientes de efectuarem levantamentos ou depósitos para além dos limites fixados, mas esses clientes devem estar preparados para pagar a referida taxa penal (Banco Central da Nigéria, 2011; Okey, 2012).

Espera-se que a implementação da política, que está atualmente a ser testada em Lagos, seja alargada a outros estados da federação a partir de 1 de janeiro de 2013. No entanto, contrariamente ao plano inicial de introduzir a política em todos os estados da federação até 1 de janeiro de 2013, o banco apex decidiu agora prosseguir o processo de implementação por fases, começando por cinco estados adicionais e o Território da Capital Federal. Estes estados são Kano, Ogun, Anambra, Rivers, um estado na zona nordeste do país e o Território da Capital Federal (FCT), (Oketola, 2012). Desejoso de fazer com que a política seja bem sucedida, o banco apex introduziu uma série de serviços financeiros que, entre outros, incluem o sistema de pagamento por dinheiro móvel, terminais de ponto de venda, alertas e caixas automáticos (ATM). Essencialmente, o sistema de pagamento móvel introduzido no início de 1 de janeiro de 2012 permite que os utilizadores façam pagamentos com os seus telemóveis GSM. É um dispositivo de poupança e um sistema de transferência que transforma o telemóvel GSM numa plataforma de conta poupança, permitindo aos proprietários poupar dinheiro e fazer transferências. Os Terminais de Ponto de Venda (POS) são instalados por empresas e ligados ao Sistema de Liquidação Interbancária da Nigéria para efeitos de efetuar pagamentos durante as transacções comerciais (Okey, 2012). Como mencionado anteriormente, um dos objectivos fundamentais da política de não utilização de numerário é a concretização da Visão 20:2020 da Nigéria (Banco Central da Nigéria, 2012; Okey, 2012).

2.1.7 Pagamento eletrónico: Uma ferramenta para alcançar a Visão 20: 2020 da Nigéria

A visão 20:20 20 é um projeto de transformação económica que articula "a intenção a longo prazo de lançar a Nigéria numa via de progresso social e económico sustentado e acelerar a emergência de uma Nigéria verdadeiramente próspera e unida" (Nigeria vision 20:20 20, 2009). Por outras palavras, o plano exprime a intenção da Nigéria de melhorar o nível de vida dos seus cidadãos, tendo em conta os enormes recursos humanos e materiais existentes na Nigéria, e de fazer com que a economia se situe entre as 20 principais economias do mundo, com um PIB mínimo de 900 mil milhões de dólares e um rendimento per capita não inferior a 4000 dólares por ano (Nigeria vision 20:20 20, 2009). A intenção do projeto económico está bem patente na declaração de visão: "Até 2020, a Nigéria terá uma economia forte, diversificada, sustentável e competitiva, que aproveita eficazmente os talentos e as energias do seu povo e explora de forma responsável os seus recursos naturais para garantir um nível e uma qualidade de vida elevados aos seus cidadãos" (Nigeria vision 20: 20 20, 2009). Para cumprir as disposições da Visão 20: 2020 da Nigéria, é fundamental dispor de um sistema de pagamentos eficiente e moderno, que a política de não utilização de numerário procura resolver (Banco Central da Nigéria, 2012; Okey, 2012).

2.1.8 Implicações da Nigéria baseada em numerário

O numerário é um elemento integrante que alimenta vários vícios na Nigéria; os canais de pagamento alternativos terão consequências positivas consideráveis para a economia (Banco Central da Nigéria, 2012).

A Nigéria é uma economia fortemente orientada para o numerário, sendo os pagamentos comerciais e de retalho efectuados principalmente em numerário. De facto, o numerário é um forte motivador na economia altamente informal da Nigéria. De acordo com o Banco Central da Nigéria (2012), as transacções em numerário representavam mais de 99% da atividade dos clientes nos bancos nigerianos em dezembro de 2011. O quadro 1 (ver anexo II) mostra as transacções em numerário nos bancos nigerianos em vários canais.

O quadro 1 (ver anexo II) mostra claramente que a Nigéria é uma economia baseada no numerário. Os levantamentos em numerário, tanto em ATM como em balcão, representam o maior volume de transacções, ou seja, 85% (ver apêndice II). Os cheques e os POS têm um volume de transacções de cerca de 29 159 960 e 1 059 069, o que representa 14% e 1%, respetivamente, ou seja, um volume de transacções insignificante ou insignificante, enquanto o canal WEB representa 0% do volume de transacções (ver anexo II). A economia baseada no numerário não é isenta de custos para o sistema bancário, o governo e os indivíduos. A elevada utilização de numerário resulta num elevado custo de processamento, suportado por todas as entidades ao longo da cadeia de valor (isto é, desde a CBN, aos bancos, às entidades operacionais e também aos indivíduos). Por exemplo, diz-se que o custo de impressão de novas notas de banco em resultado do manuseamento frequente de numerário custa ao Banco Central da Nigéria (CBN) um montante colossal por ano (Okey, 2012). De um modo geral, o custo do numerário para o sistema financeiro da Nigéria é elevado e está a aumentar. Estima-se que atinja 192 mil milhões de euros em 2012 (Banco Central da Nigéria, 2011). A figura 2 (ver anexo III) apresenta o custo direto do numerário para o sistema financeiro na Nigéria em 2009. A figura indica que o custo do numerário em trânsito e o custo do processamento de numerário ascendiam a N27,3 mil milhões e N89,1 mil milhões, representando 24% e 67%, respetivamente, enquanto o custo da gestão do cofre ascendia a N18,1 mil milhões, representando 9% do custo direto total do numerário para o sistema financeiro. O custo total do numerário para o Banco Central da Nigéria (CBN) e para os outros bancos em 2009 atingiu um montante assustador de 114,5 mil milhões de euros (ver anexo III). É também digno de nota que o numerário é um elemento integrante que alimenta vários vícios na Nigéria com consequências negativas para os indivíduos, as organizações empresariais e o governo.

Estes vícios incluem, entre outros, a corrupção, a fuga de receitas dos cofres do governo e das organizações empresariais, a fraude eleitoral, os assaltos à mão armada e outros crimes relacionados com o dinheiro líquido. Tendo em conta o que precede, a introdução da política de não utilização de numerário pelo Banco Central da Nigéria (CBN) é aplaudida como um pacote de políticas com benefícios abundantes, uma vez que procura incentivar os pagamentos sem numerário, travando assim alguns destes vícios relacionados com o numerário.

2.2 Contexto teórico

Neste estudo, foram selecionadas três teorias para servirem de enquadramento teórico. A primeira é a Teoria da Difusão da Inovação (DOI), a segunda é o Modelo de Aceitação da Tecnologia (TAM) e a terceira é o Modelo Kano de Satisfação do Cliente. O conceito de difusão foi estudado pela primeira vez pelo sociólogo francês Gabriel Tarde (1890) e por antropólogos alemães e austríacos como Friedrich Ratzel e Leo Frobenius. A sua forma básica epidemiológica ou de influência interna foi formulada em 1936 por H. Earl Pemberton, que forneceu exemplos de difusão institucional, como selos postais e códigos de ética escolar padronizados (Rogers, 1995). A Difusão de Inovações é uma teoria que procura explicar como, porquê e a que ritmo as novas ideias e tecnologias se difundem através das culturas. Everett Rogers, um professor de sociologia rural, popularizou a teoria no seu livro de 1962, *Diffusion of Innovations*. Segundo ele, a difusão é o processo pelo qual uma inovação é comunicada através de certos canais ao longo do tempo entre os membros de um sistema social (Rogers, 1995).

(TAM)O Modelo de Aceitação de Tecnologia foi desenvolvido por Davis em 1986; trata mais especificamente da previsão da aceitabilidade de um sistema de informação. O objetivo deste modelo é prever a aceitabilidade de uma ferramenta e identificar as modificações que devem ser introduzidas no sistema para o tornar aceitável para os utilizadores. Este modelo sugere que a aceitabilidade de um sistema de informação é determinada por dois factores principais: A utilidade percebida (PU) e a facilidade de utilização percebida (PEOU).

O modelo de Kano é uma teoria do desenvolvimento de produtos e da satisfação do cliente, desenvolvida pelo Professor Noriaki Kano em 1984, e distingue três tipos de requisitos do produto que influenciam a satisfação do cliente de diferentes formas quando satisfeitos (Sauerwein, Bailom, Matzler e Hinterhuber, 1996). De acordo com Sauerwein *et al.*, estes incluem: Requisitos Obrigatórios; Requisitos Unidimensionais; e os Requisitos Atractivos.

2.2.1 Teoria da difusão da inovação

A Teoria da Difusão da Inovação (DOI) tenta examinar os factores que influenciam um indivíduo, empresas, etc., a adotar uma inovação - que é o Sistema de Pagamento Eletrónico adotado pelos bancos para criar a satisfação do cliente através da prestação de serviços. De acordo com Rogers (1995), "cinco crenças ou construções focais que influenciam a adoção de qualquer inovação incluem - vantagem relativa, complexidade, compatibilidade, experimentabilidade e observabilidade".

A vantagem relativa indica a utilidade de uma inovação; a compatibilidade é o grau em que uma inovação é considerada consistente com os valores existentes, as experiências passadas e as necessidades do potencial adotante; a complexidade é o grau em que uma inovação é considerada relativamente difícil de compreender e utilizar; a experimentabilidade é a forma de experimentar ou testar uma inovação para que faça sentido para o adotante; e a observabilidade é o grau em que os resultados de uma inovação são visíveis para os outros (Rogers, 1995). No entanto, relacionando a teoria do DOI com este trabalho de investigação, a vantagem relativa é vista através da redução de custos, da facilidade de utilização e da conveniência associadas à utilização do sistema de pagamento eletrónico; a compatibilidade é vista na perspetiva em que o sistema de pagamento eletrónico se enquadra na sociedade nigeriana; A complexidade é vista na perspetiva em que os utilizadores do sistema de pagamento eletrónico são capazes de compreender e utilizar a inovação de forma eficaz; a experimentabilidade é vista na área em que a utilização do sistema de pagamento eletrónico pelos clientes bancários aumentou ou não; a observabilidade é vista neste estudo como o grau em que os resultados (consequência da utilização do sistema de pagamento eletrónico) são visíveis para os outros.

A teoria DOI foi utilizada por Hogarth, kolodinsky e Gabor (2008) e por Nwankwo e Eze (2013), entre outros.

2.2.2 Modelo de Aceitação de Tecnologia.

De acordo com Park (2009), "um dos modelos mais conhecidos relacionados com a aceitação e utilização da tecnologia é o Modelo de Aceitação da Tecnologia (TAM), originalmente proposto por Davis em 1986". O TAM provou ser um modelo teórico que ajuda a explicar e a prever o comportamento dos utilizadores das tecnologias de informação (Legris, Ingham, & Collerette, 2003). O TAM é considerado uma extensão influente da Teoria da Ação Fundamentada (TRA), de acordo com Ajzen e Fishbein (1980), Davis (1989) e Davis, Bagozzi e Warshaw (1989), que propuseram o TAM para explicar por que razão um utilizador aceita ou rejeita a tecnologia da informação através da adaptação (TRA). O TAM fornece a base com a qual se rastreia a forma como as variáveis externas influenciam a crença, a atitude e a intenção de utilização (Park, 2009). De acordo com Park, duas crenças cognitivas são postuladas pelo TAM: utilidade percebida e facilidade de uso percebida. De acordo com o TAM, a utilização efectiva de um sistema tecnológico é influenciada direta ou indiretamente pelas intenções comportamentais do utilizador, pela atitude, pela utilidade percebida do sistema e pela facilidade percebida do sistema.

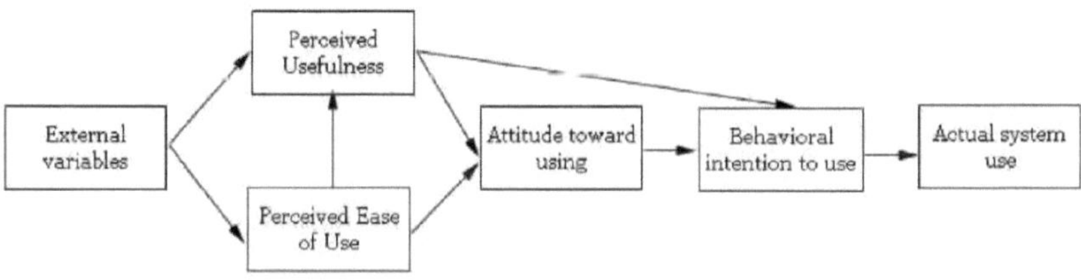

Modelo de aceitação da tecnologia de Davis, Bagozzi & Warshaw (1989).

Davis (1989), define os dois principais factores que determinam a aceitabilidade de um sistema de informação, ou seja, a Utilidade Percebida (PU) e a Facilidade de Utilização Percebida (PEoU).A Utilidade Percebida (PU) foi definida por Davis (1989) como "o grau em que uma pessoa acredita que a utilização de um determinado sistema melhoraria o seu desempenho profissional". A Facilidade de Utilização Percebida (PEoU) foi definida por Davis (1989) como "o grau em que uma pessoa acredita que a utilização de um determinado sistema não implicaria qualquer esforço".

No entanto, relacionando o TAM com este estudo, a utilidade percebida (PU) é vista de uma perspetiva do número de factores que influenciam as decisões dos utilizadores do sistema de pagamento eletrónico sobre quando e como irão utilizar a tecnologia e a facilidade de utilização percebida (PEOU) é vista como o grau em que uma pessoa acredita que o sistema de pagamento eletrónico aumentaria a sua satisfação e a prestação de serviços.

O Modelo de Aceitação de Tecnologia também foi utilizado por Pikkarainen, Pikkarainen, Karjaluoto e Pahnila (2004), Park (2009) e por Nwankwo e Eze (2013), entre outros.

2.2.3 Modelo de Kano de satisfação do cliente

O modelo Kano foi inicialmente desenvolvido pelo Dr. Noriaki Kano, um professor japonês e consultor internacional (Zultner e Mazur, 2006). No final da década de 1970 e no início da década de 1980, lançou as bases de uma abordagem para a "criação de qualidade atractiva" - comummente designada nos EUA como o "Modelo Kano". O Dr. Kano desafiou o ideal tradicional sobre a satisfação do cliente de que "mais é melhor" - que quanto melhor for o desempenho em cada atributo do produto ou serviço, mais satisfeito ficará o cliente (Zultner e Mazur, 2006). No seu modelo, Kano (1984) distingue três tipos de requisitos do produto que, quando satisfeitos, influenciam a satisfação do cliente de formas diferentes (Sauerwein , Bailom, Matzler e Hinterhuber, 1996). De acordo com Sauerwein *et al.*, estes incluem: Requisitos Obrigatórios; Requisitos Unidimensionais; e os Requisitos Atractivos. Eles também deram as explicações para os três requisitos para incluir:

a. Requisitos obrigatórios

Os requisitos obrigatórios são geralmente o que os clientes esperam de um produto/serviço. O cliente considera os requisitos obrigatórios como pré-requisitos, considera-os um dado adquirido e, por conseguinte, não os exige explicitamente. Os requisitos obrigatórios são, de qualquer modo, um fator competitivo decisivo e, se não forem cumpridos, o cliente não terá qualquer interesse no produto.

b. Requisitos unidimensionais/ Satisfação

Estes requisitos são os que os clientes pretendem e não os que esperam. Quanto mais cumprirmos, mais satisfeito ficará o cliente. Um bom desempenho neste domínio permite-nos criar clientes satisfeitos. Aqui, a satisfação do cliente é proporcional ao nível de cumprimento - quanto maior for o nível de cumprimento, maior será a satisfação do cliente e vice-versa.

c. Requisitos atractivos/delícias

Representam uma surpresa positiva para o cliente. São totalmente inesperados. Como tal, se não estiverem presentes, não causam qualquer insatisfação. Além disso, os clientes não mencionarão tais coisas como importantes nos inquéritos aos clientes porque, afinal, são totalmente inesperadas por definição. Mas quando são entregues ao cliente, aumentam a satisfação e a fidelidade. Estes requisitos são os critérios do produto que têm maior influência no grau de satisfação de um cliente com um determinado produto. Os requisitos atractivos não são explicitamente expressos nem esperados pelo cliente. O cumprimento destes requisitos conduz a uma satisfação mais do que proporcional. No entanto, se não forem satisfeitas, não existe qualquer sentimento de insatisfação.

No entanto, as vantagens de classificar as necessidades dos clientes através do método Kano são prioridades muito claras para o desenvolvimento de produtos. Por exemplo, não é muito útil investir na melhoria dos requisitos obrigatórios que já se encontram a um nível satisfatório mas é preferível melhorar os requisitos dimensionais ou atractivos, uma vez que estes têm uma maior influência na qualidade percebida do produto e, consequentemente, no nível de satisfação do cliente (Sauerwein, Bailom, Matzler e Hinterhuber, 1996).

Relacionando o modelo de Kano com este trabalho de investigação, os requisitos obrigatórios são considerados como requisitos básicos esperados pelos clientes que pretendem utilizar as facilidades de pagamento eletrónico dos bancos, pelo que esses clientes esperam que os seus banqueiros lhes forneçam os serviços de caixa automático, banca Internet, transferência eletrónica de fundos, cartões de débito e de crédito, entre outros. No entanto, se um banco fornecer estas facilidades a um cliente que pretenda utilizar a plataforma de pagamento eletrónico, o cliente não agradecerá ao banco por as fornecer, uma vez que se trata de requisitos obrigatórios ou básicos esperados pelo cliente, mas se um banco não as fornecer a um cliente que pretenda utilizar a plataforma de pagamento eletrónico, o cliente preferirá mudar para um banco que disponha destas facilidades.

Os Requisitos Dimensionais são vistos neste estudo como a forma como o sistema de pagamento eletrónico proporciona conveniência de utilização, segurança de utilização, encargos mais baixos para a utilização e disponibilidade 24 horas.

Os requisitos atractivos, por outro lado, são vistos neste trabalho de investigação em termos de uma entrega mais rápida do sistema de pagamentos electrónicos, da sua eficácia, de uma maior fiabilidade e, em última análise, da satisfação do cliente.

O Modelo Kano de satisfação do cliente foi utilizado por Walder (1993), Sauerwein, Bailom, Matzler e Hinterhuber (1996), Jacobs (1997), Ungvari (1999), Zultner e Mazur (2006), entre outros.

Fonte: Adaptado do Modelo Kano por Erica Lynn Farmer (2009)

No entanto, o presente estudo adopta as teorias acima referidas como teorias subjacentes ao estudo.

2.3 ESTUDOS EMPÍRICOS

A perceção dos benefícios da banca eletrónica foi documentada em estudos recentes; em especial, Thornton e White (2001) compararam vários canais de distribuição eletrónica disponíveis para os bancos nos Estados Unidos e concluíram que as orientações dos clientes em termos de conveniência, serviço, tecnologia, mudança, conhecimentos sobre informática e Internet afectavam a utilização de diferentes canais.

Howcroft, Hamilton & Hewer (2002) concluíram que os factores mais importantes que incentivam os consumidores a utilizarem os serviços bancários em linha são as comissões mais baixas, seguidas da redução do trabalho administrativo e dos erros humanos, o que, subsequentemente, minimiza os litígios, tal como observado por Kiang, Raghu e Hueu-Min Shang (2000).

Agboola (2006), observou que alguns pagamentos estão agora a ser automatizados e que o volume absoluto de transacções em numerário diminuiu sob o impacto das transacções electrónicas trazidas pela adoção das TIC para o sistema de pagamentos, especialmente nos países desenvolvidos.

Emmanuel e Sife (2008) observaram que os efeitos positivos das TIC têm sido continuamente notados nos negócios, na produção, na educação, na política, na governação, na cultura e noutros aspectos da vida humana. Este ponto de vista é corroborado por Ayo (2006), segundo o qual a taxa de crescimento das TIC, em particular da Internet, influenciou de forma exponencial a interação e a comunicação em linha entre a generalidade da população.

Ayo, Ekong, Fatudimu e Adebiyi (2008) realizaram uma investigação sobre o nível de adoção das TIC no sector bancário nigeriano utilizando a análise SWOT. Concluiu-se que todos os bancos na Nigéria oferecem serviços bancários electrónicos e cerca de 52% deles oferecem algumas formas de outros serviços bancários em linha. Concordaram também que a Nigéria era a nação de telecomunicações com crescimento mais rápido em África e a terceira no mundo. Concluíram que todos os 25 bancos da Nigéria utilizavam as TIC como plataforma para a prestação eficaz e eficiente de serviços bancários, tais como cartões de pagamento electrónicos, estando a ser gradualmente introduzidos serviços bancários pela Internet e serviços bancários móveis.

Oladejo e Dada (2008) investigaram o impacto das tecnologias da informação nos serviços das empresas de seguros na Nigéria, utilizando estatísticas não paramétricas (Qui-quadrado) para testar as hipóteses formuladas. O estudo concluiu que o recente aumento da eficácia e da eficiência observado no sector dos seguros na Nigéria se deve ao seu elevado investimento em tecnologias da informação.

Gerrard e Cunningham (2003) encontraram uma correlação positiva entre conveniência e serviços bancários em linha e observaram que o principal benefício para o banco é a poupança de custos e para o consumidor o principal benefício é a conveniência. A multifuncionalidade de um serviço baseado em TI pode ser outra caraterística que satisfaz as necessidades dos clientes (Gerson, 1998).

Robinson (2000) argumentou que a banca em linha alarga a relação com os clientes através da prestação de serviços financeiros diretamente em casa ou no escritório dos clientes. Os bancos também podem usufruir dos benefícios em termos de maior lealdade e satisfação dos clientes (Oumlil e Williams, 2000). No entanto, Nancy, Lockett, Winklhofer e Christine (2001), encararam a mesma situação de forma diferente e argumentaram que os clientes gostam de interagir com humanos e não com máquinas. Encontraram mais possibilidades de colocar questões e acreditam que os funcionários bancários são menos susceptíveis de cometer erros. Por conseguinte, é essencial que as transacções presenciais sejam realizadas de forma eficiente e cortês (Oladejo e Akanbi, 2012). Isto aumenta a possibilidade de vender ao cliente outro serviço de que este necessite e também promove uma boa imagem e aumenta a fidelidade do cliente (Moutinho, Davies, Deng, Miguel, e Alcaniz, 1997).

Kaleem e Ahmad (2008) investigaram as percepções dos empregados bancários sobre os potenciais benefícios e riscos associados à banca eletrónica no Paquistão. Foram utilizadas fontes primárias para recolher os dados, que foram analisados através da análise de frequência e da análise da pontuação média. Os resultados sugerem que os bancários do Paquistão consideram a banca eletrónica como uma ferramenta para minimizar os inconvenientes, reduzir os custos de transação e poupar tempo. Polatoglu e Ekin (2001) concluíram que os baixos níveis de utilização do correio eletrónico e a preferência por efetuar transacções no balcão das agências bancárias são as principais razões para não utilizar a banca eletrónica na Turquia.

White e Nteli (2004) realizaram um estudo que se centrava na razão pela qual o aumento do número de utilizadores da Internet no Reino Unido não tinha sido acompanhado por um aumento da utilização da Internet para fins bancários. Os seus resultados revelaram que os clientes continuam a preocupar-se com os aspectos de segurança da Internet. Min e Galle (1999) também concluíram que a perturbação do acesso à informação é um fator comum relacionado com a relutância em utilizar os canais da Internet para o comércio.

Gresvik e Owre (2002) estudaram quanto custa aos bancos noruegueses o processamento de vários instrumentos de pagamento. Concluíram que os cartões de pagamento utilizados para levantamentos de numerário em caixas automáticos custam consideravelmente mais, uma vez que as transacções envolvem custos de reposição de numerário, manutenção e segurança. Além disso, verificou-se que o custo da utilização de cheques para levantamentos de numerário era três vezes mais caro do que os levantamentos de numerário nos ATM.

Odior e Banuso (2012) examinaram as implicações do sistema bancário sem numerário, com o objetivo de expor os possíveis desafios e perspectivas que coloca à economia nigeriana. O estudo concluiu que a mudança para uma Nigéria sem numerário parece ser benéfica, embora seja acompanhada de um elevado nível de preocupações sobre a segurança e a gestão das economias de custos resultantes da sua implementação.

Oladejo e Akanbi (2012) investigaram a perceção dos banqueiros sobre a banca eletrónica na Nigéria. Os resultados do estudo revelaram que os banqueiros na Nigéria consideram a banca eletrónica como uma ferramenta para minimizar os inconvenientes, reduzir os custos das transacções, alterar o padrão das filas de espera dos clientes e poupar tempo aos clientes. Okey (2012), também examinou a política do Banco Central da Nigéria de não utilização de numerário na Nigéria: Benefits and Challenges. Os seus resultados revelaram que os benefícios decorrentes da implementação da política incluem: redução de custos, redução do risco de utilização de numerário, redução dos custos de transação de subsídios em numerário e redução da corrupção. Por outro lado, os desafios da adoção da política incluem: fraude, deduções indiscriminadas das contas, elevada taxa de analfabetismo, ineficiência e fornecimento epilético de energia.

Akhalumeh e Ohiokha (2012) examinaram o sistema económico sem numerário, a fim de avaliar a sua viabilidade na Nigéria em termos de: atemporalidade, preparação e adequação, tendo como pano de fundo o nosso nível de desenvolvimento tecnológico e educacional. As suas conclusões indicam que a maioria dos nigerianos já tem conhecimento da política e concorda que esta ajudará a combater a corrupção e o branqueamento de capitais e a reduzir o risco de transportar dinheiro. O estudo revelou ainda que os principais problemas previstos para dificultar a aplicação da política são a fraude cibernética e a iliteracia.

Nwaolisa e Kasie (2012) investigaram a aceitabilidade do utilizador e os problemas de pagamento encontrados pelos nigerianos na utilização do sistema bancário eletrónico. As suas conclusões revelaram que a utilização de numerário continua a ser muito elevada na Nigéria, independentemente dos esforços do Banco Central da Nigéria para a adoção do sistema de pagamento eletrónico. Observaram também que esta situação é causada pelos desafios de um fornecimento inadequado de energia eléctrica, escassez de infra-estruturas tecnológicas críticas, falta de apoio sociocultural e ausência de um quadro regulamentar necessário para operar um sistema de pagamento eletrónico eficaz e sem falhas no país.

Nwankwo e Eze (2013) examinaram o pagamento eletrónico na economia sem numerário da Nigéria: problemas e perspectivas. As suas conclusões mostraram que o sistema de pagamento eletrónico tem uma grande implicação na economia sem numerário da Nigéria, mas conduzirá a uma diminuição significativa da mobilização de depósitos e da extensão do crédito pelos bancos nigerianos de depósitos monetários. Por conseguinte, concluíram que o sistema de pagamento eletrónico deve ser desenvolvido em primeiro lugar, para que as pessoas se habituem a ele antes de se avançar para uma economia sem dinheiro. Argumentaram que isto se deve ao facto de a maior parte da economia nigeriana ser impulsionada por PME e pequenos comerciantes, pelo que a migração do nosso sistema de pagamentos para uma sociedade sem numerário exigiria algumas reformas e muita sensibilização, especialmente para o grupo de baixos rendimentos, que atualmente está profundamente enraizado na utilização de numerário e o vê como uma forma conveniente e fácil de receber e efetuar pagamentos.

A partir da revisão da literatura disponível, existem muitos estudos empíricos sobre o sistema de pagamento eletrónico e a sua adoção na Nigéria, mas a maioria dos estudos concentrou-se na perceção dos banqueiros sobre a banca eletrónica na Nigéria e concluiu que os banqueiros na Nigéria consideravam a banca eletrónica como uma ferramenta para minimizar os inconvenientes, reduzir os custos de transação, alterar o padrão de filas de espera dos clientes e poupar tempo aos clientes (Agoola, 2006; Ayo, Ekong, Fatudimu e Adebiyi, 2008; Akhalumeh e Ohiokha, 2012; Oladejo e Akanbi, 2012).

A lacuna que este estudo pretende colmatar consiste em examinar o sistema de pagamento eletrónico na perspetiva da satisfação dos clientes dos bancos, uma vez que a perceção dos banqueiros sobre a banca eletrónica pode não representar a satisfação dos clientes com o sistema bancário eletrónico. Assim, este estudo examinou o sistema de pagamento eletrónico e a satisfação dos clientes bancários na metrópole de Ilorin, no Estado de Kwara.

CAPÍTULO 3: METODOLOGIA DE INVESTIGAÇÃO

Este capítulo centra-se na metodologia utilizada na realização do trabalho de investigação. Abrange questões como a especificação e a estimativa do modelo, as fontes de dados utilizadas, a população do estudo, a dimensão da amostra, a técnica de amostragem, o método de recolha de dados e o método de análise dos dados.

3.1 Especificação do modelo

Para efeitos do presente estudo, foram utilizados três modelos. O primeiro foi modelado para satisfazer o objetivo principal deste estudo, ou seja, examinar o impacto do sistema de pagamentos electrónicos na satisfação dos clientes bancários e também para testar a hipótese um (H_{o1}) sobre se existe uma relação significativa entre o sistema de pagamentos electrónicos e a satisfação dos clientes bancários. Para o efeito, o modelo a seguir apresentado pode ser :

$$Prob.(CS_i = 1/EPS_i) = f(ATM_i, DC_i, MT_i, INTB_i) \ldots\ldots (1)$$

A equação (1) pode ser transformada em equação linear e, assim, torna-se;

$$Prob.(CS_i = 1/EPS_i) = \alpha_0 + \lambda_1 ATM_i + \lambda_2 DC_i + \lambda_3 MT_i + \lambda_4 INTB_i + \mu_i \ldots\ldots (2)$$

Onde:

Prob.= Probabilidade

CS_i= Satisfação do cliente (variáveis explicadas)

EPS_i= Sistema de pagamento eletrónico (variável explicativa)

Prob. ($CS_i = 1/EPS_i$)= probabilidade de a Satisfação dos Clientes (CS_i) ser igual a um (1) está condicionada ao Sistema de Pagamento Eletrónico (EPS_i).

E onde estão os substitutos do RPE_i:

ATM $_i$= Automated Teller Machine (proxy 1 para sistema de pagamento eletrónico)

DC $_i$= Cartões de débito (procuração 2 para sistema de pagamentos electrónicos)

MT $_i$= Transferência móvel (proxy 3 para o sistema de pagamentos electrónicos)

INTB $_i$= Internet Banking (proxy 4 para sistema de pagamento eletrónico)

α_0= a interceção da equação

$\lambda_1, \lambda_2, \lambda_3$ e λ_4= as estimativas dos parâmetros (coeficientes)

μ_i= o termo de erro

O modelo apresentado na equação (2) tem quatro variáveis independentes e uma variável dependente.

A variável dependente (variável explicada) é representada por CS= satisfação do cliente.

As variáveis independentes (variáveis explicativas) incluem: o sistema de pagamentos electrónicos e são representadas pelos meios mais comuns de pagamentos electrónicos na Nigéria. São eles a Caixa Automática (ATM), os Cartões de Débito (DC), as Transferências Móveis (MT) e a Banca Internet (INTB). Os dados para o primeiro modelo foram obtidos a partir das respostas ao questionário.

Para efeitos da segunda hipótese (H_{o2}), que consiste em examinar se existe uma relação significativa entre o sistema de pagamento eletrónico e a utilização de numerário pelos clientes. Este modelo foi igualmente especificado: Prob.(CUi=1/EPS $_i$) = f (ATM $_i$, DC $_i$, MT $_i$, INTB $_i$) (3)

A equação (3) pode ser transformada numa equação linear, passando a ser: Prob. (CU$_i$= 1/EPS $_i$) = $\beta_0 + \beta_1$ ATM $_i$ + β_2DC $_i$ + β_3MT $_i$ + β_4 INTB$_i$ + e$_i$................(4)

Onde:

Prob. = Probabilidade

CU_i = Utilização de numerário (variável dependente)

EPS_i = Sistema de pagamento eletrónico (variável independente).

Prob. ($CU_i = 1/EPS_i$) = a probabilidade de a utilização de numerário (CU) ser igual a um (1) está condicionada ao sistema de pagamento eletrónico (SPE).

E onde estão os substitutos do RPE_i:

ATM_i= Automated Teller Machine (proxy 1 para sistema de pagamento eletrónico)

DC_i= Cartões de débito (proxy 2 para sistema de pagamento eletrónico)

MT_i= Transferência móvel (proxy 3 para o sistema de pagamentos electrónicos)

$INTB_i$= Internet Banking (proxy 4 para sistema de pagamento eletrónico)

β_0= a interceção da equação

β_1, β_2, β_3 e β_4= as estimativas dos parâmetros (coeficientes)

e_i= o termo de erro

A variável dependente é a Utilização de Numerário representada por UC, enquanto as variáveis independentes (variável explicativa) são a Caixa Automática (ATM), os Cartões de Débito (DC), a Transferência Móvel (MT) e o Internet Banking (INTB). Os dados para este modelo (modelo 2) foram obtidos a partir das respostas ao questionário. Para responder à hipótese três (H_{o3}), que consiste em examinar se existe uma relação significativa entre o sistema de pagamento eletrónico e a minimização das filas de espera. Foi também especificado o seguinte modelo:

$$\text{Prob.}(Qmin_i=1/EPS_i)=f\,(ATM_i,\ DC_i,\ MT_i,\ INTB_i) \quad (5)$$

A equação (5) pode ser transformada em equação linear e, assim, torna-se;

$$\text{Prob.}(Qmin_i=1/EPS_i)=\Psi_0+\Psi_1 ATM_i+\Psi_2 DC_i+\Psi_3 MT_i+\Psi_4 INTB_i+\mu_i \quad (6)$$

Onde:

Prob.= Probabilidade ou verosimilhança

Qmin $_i$= Minimização das filas de espera (variável dependente)

EPS $_i$= Sistema de pagamento eletrónico (variável explicativa).

Prob. (Qmin $_i$= $_{1/EPS\,i}$)= probabilidade de a Minimização de Filas de Espera (Q_{mini}) ser igual a um (1) está condicionada ao Sistema de Pagamento Eletrónico (SPE).

E onde estão os substitutos do RPE $_i$:

ATM $_i$= Automated Teller Machine (proxy 1 para sistema de pagamento eletrónico)

DC $_i$= Cartões de débito (procuração 2 para sistema de pagamentos electrónicos)

MT $_i$= Transferência móvel (proxy 3 para o sistema de pagamentos electrónicos)

INTB $_i$= Internet Banking (proxy 4 para sistema de pagamento eletrónico)

Ψ_0= a interceção da equação

Ψ_1, Ψ_2, $\Psi 3$ e $\Psi 4$= as estimativas dos parâmetros (coeficientes) μ_i= o termo de erro

A variável explicada é a minimização das filas de espera representada por Qmin, enquanto as variáveis explicativas são a Caixa Automática (ATM), os Cartões de Débito (DC), a Transferência Móvel (MT) e o Internet Banking (INTB). Os dados para este modelo (modelo 3) também foram obtidos a partir das respostas dos questionários.

3.2 Estimativa do modelo

Para estimar os modelos, foi utilizada uma regressão dprobit, bem como uma análise de regressão Probit e Logit para testar a validade dos três modelos.

3.3 Fontes de dados

Este estudo utilizou dados primários. A informação obtida a partir da fonte primária de dados, normalmente, não foi sujeita à interpretação ou análise de outros e, portanto, é original e livre de influência (Adedo, 2006). Os dados primários para este estudo foram, no entanto, obtidos através dos questionários administrados. O questionário era do tipo fechado, concebido para obter respostas factuais e definitivas dos inquiridos (ver anexo I).

3.4 População do estudo

De acordo com Boyd (2007), uma população é todo o grupo de itens/elementos que o investigador pretende estudar e generalizar. É a soma total das unidades de amostragem. A população para este estudo são os utilizadores do sistema de pagamento eletrónico na metrópole de Ilorin, no Estado de Kwara.

3.4.1 Dimensão da amostra

Uma amostra é um subconjunto de uma população. É designada por unidade de análise (Opadokun, 1990). A dimensão das unidades de análise e a sua seleção subsequente são de grande importância e devem, por conseguinte, ser representativas da população. Para este estudo, foi selecionada uma amostra de quinhentos (500) elementos da população - utilizadores do sistema de pagamentos electrónicos na metrópole de Ilorin, no Estado de Kwara.

3.4.2 Técnica de amostragem

A totalidade dos utilizadores do sistema de pagamentos electrónicos na cidade de Ilorin, no Estado de Kwara, que constituem a população deste estudo, não pode ser totalmente abrangida, pelo que é necessário recorrer à amostragem. Para este estudo, foi adotado o método de amostragem intencional, uma vez que o questionário foi administrado apenas a clientes bancários alfabetizados que utilizam o sistema de pagamentos electrónicos.

3.5 Método de recolha de dados

O instrumento para a recolha dos dados primários foi o questionário concebido e administrado. Quatrocentos (400) questionários foram administrados diretamente pelo investigador a alguns inquiridos que utilizam os sistemas de pagamento eletrónico, enquanto as restantes cem cópias foram administradas a alguns funcionários bancários que também utilizam a plataforma de pagamento eletrónico.

A recolha foi feita duas semanas depois, para os questionários administrados diretamente a alguns inquiridos - utilizadores de pagamentos electrónicos, enquanto os administrados a alguns funcionários bancários foram recolhidos uma semana depois. O objetivo era permitir que os inquiridos preenchessem convenientemente o questionário.

3.6 Método de análise dos dados

A análise de dados tem a ver com o emprego de certas minas estatísticas adequadas para reduzir os dados recolhidos a uma dimensão e unidade que possam ser facilmente compreendidas e que também permitam a extração de mais informações (Opadokun, 1990).

Os dados obtidos para este estudo foram analisados através do dprobit, bem como das regressões probit e logit, utilizando o programa Statistical package for Analysis (STATA 11.0). Também foi adotada a estatística descritiva, utilizando percentil e fazendo inferências.

CAPÍTULO 4: ANÁLISE DOS DADOS, DISCUSSÃO E APRESENTAÇÃO DOS RESULTADOS

Este capítulo apresenta os dados obtidos através dos questionários administrados. As respostas às questões colocadas no questionário são apresentadas em tabelas e analisadas através de percentagens e estatísticas descritivas. Dos quinhentos (500) questionários administrados, um total de quatrocentos e sessenta e oito (468) foram devolvidos pelos inquiridos, perfazendo um total de 93,6 por cento, e foram analisados a seguir.

4.1 Caraterísticas sócio-demográficas dos inquiridos

O quadro 4.1 abaixo apresenta as caraterísticas sociodemográficas dos inquiridos nos questionários.

Quadro 4.1 Caraterísticas sócio-demográficas dos inquiridos

Caraterísticas	Percentagem %
Idade dos inquiridos	
Menos de 21 anos	17.09
21-30 anos	29.49
31-40 anos	28.42
41-50 anos	15.81
51 anos ou mais	9.19
Género dos inquiridos	
Masculino	57.48
Feminino	42.52
Estado civil dos inquiridos	
Individual	44.23
Casado	41.03
Divorciado	8.97
Viúva	5.77
Nível de escolaridade dos inquiridos	
Secundário	7.48
Licenciatura	20.94
Licenciado	44.87
Pós-graduação	26.71

Fonte: Inquérito do autor, 2013

Observou-se na Tabela 4.1 que 75% (setenta e cinco por cento) dos inquiridos tinham 40 anos ou menos, enquanto os restantes inquiridos tinham 41 anos ou mais. A razão para este facto não é exagerada, uma vez que os jovens são mais propensos a utilizar tecnologias inovadoras do que os adultos.

As caraterísticas dos inquiridos em termos de género, tal como se pode ver no quadro acima, revelam que foram recebidas respostas tanto de homens como de mulheres, com 57,48% e 42,52%, respetivamente. Isto implica que ambos os géneros foram incluídos na amostra e que as respostas são representativas e não enviesadas em função do género.

Os inquiridos solteiros representam 44,23% do total de inquiridos, os casados 41,03%, enquanto os divorciados e viúvos representam 8,9% e 5,77%, respetivamente.

Com base no estatuto educativo dos inquiridos, 7,48% dos inquiridos tinham concluído o ensino secundário, os que estavam a frequentar o ensino superior representavam 20,94% e os inquiridos que concluíram o ensino superior e possuem dois ou mais diplomas eram 71,58%. Isto mostra que a maioria dos inquiridos eram diplomados de instituições superiores, alguns dos quais também concluíram os seus programas de pós-graduação, o que implica que as suas respostas são fiáveis.

4.2 Factores que influenciam a adoção do pagamento eletrónico Sistema por banco Clientes

O quadro 4.2 abaixo mostra os factores que influenciam a adoção de Sistema de pagamento eletrónico pelos clientes dos bancos nigerianos

Quadro 4.2 Factores que influenciam a adoção de um sistema de pagamento eletrónico

Perguntas	Percentagem %
Considera que a plataforma de pagamento eletrónico é de fácil utilização? Sim Não	 71.15 28.85
O sistema de pagamento eletrónico trouxe-lhe comodidade? Sim Não	 88.89 11.11
Considera que a plataforma de pagamento eletrónico é útil? Sim Não	 86.75 13.25
Considera que a plataforma de pagamento eletrónico é difícil de compreender? Sim Não	33.12 66.88

Fonte: Inquérito do autor, 2013.

A partir da Tabela 4.2 acima, as respostas recebidas mostram que 71,15% dos inquiridos concordam que a plataforma de pagamento eletrónico é de fácil utilização, o que talvez tenha resultado na elevada taxa de adoção pelos inquiridos. 88,89% dos inquiridos são também da opinião de que o sistema de pagamento eletrónico trouxe comodidade às suas transacções bancárias. 86,75% são da opinião de que consideram a plataforma de pagamento eletrónico útil. Quanto à questão de saber se os clientes consideram a plataforma de pagamento eletrónico difícil de compreender, 66,88% discordam que a plataforma de pagamento eletrónico seja difícil de compreender. Talvez estes factores tenham contribuído para que os clientes bancários tenham adotado o sistema de pagamento eletrónico como meio de transação.

4.3 Resultados dos efeitos marginais, das regressões Probit e Logit

4.3.1 Impacto do sistema de pagamento eletrónico na satisfação dos clientes

Variáveis	Efeitos marginais (dprobit)	Probit	Logit
CONSTANTE			
Coeficiente		-0.8754835	-1.586667
Prob. (z-stat)		0.000	0.000***
Erro std. Err.		0.1272959	0.2314924
ATM			
Coeficiente	0.1063551	0.3370514	0.5073218
Prob. (z-stat)	0.139	0.139	0.195
Erro robusto std. Err	0.0751275	0.2277876	0.3916628
DC			
Coeficiente	0.3782813	1.136607	2.064151
Prob. (z-stat)	0.000***	0.000***	0.000***
Erro robusto std. Err	0.0772403	0.2302035	0.2969406
MT			
Coeficiente	0.1937563	0.6430875	1.317325
Prob. (z-stat)	0.000***	0.000***	0.000***
Erro robusto std. Err	0.0404765	0.1484527	0.2969406
INT.B			
Coeficiente	0.152864	0.5074289	0.982888
Prob. (z-stat)	0.001***	0.001***	0.000***
Erro robusto std. Err	0.0431687	0.1478451	0.264387
Pseudo R2	0.3057	0.3057	0.3185
Wald chi 2 (4)	123.58	123.58	97.48
Prob. Chi 2	0.0000***	0.0000***	0.0000***

*significativo a 1%, **significativo a 5%, *significativo a 10%.

Fonte: Cálculo do autor (2013)

Os coeficientes da regressão do efeito marginal (dprobit) indicam que um aumento unitário na utilização da Caixa Automática aumenta a probabilidade de satisfação dos clientes em 0,1063551, ou seja, em cerca de 11%. O coeficiente de 0,3782813 para o Cartão de Débito indica que um aumento unitário na utilização do cartão de débito pelos clientes do banco aumenta a probabilidade de satisfação dos clientes em 38%. O coeficiente de 0,1937563 para a facilidade de transferência móvel implica que um aumento unitário na utilização da facilidade aumenta a probabilidade de satisfação dos clientes em 19,38%, enquanto um aumento unitário na utilização do Internet Banking tem a probabilidade de aumentar a satisfação dos clientes em 15,29%.

As probabilidades das estatísticas z para Cartão de débito, Transferência móvel e Internet Banking são 0,000, 0,000 e 0,001 e mostram que são todas estatisticamente significativas a um nível de significância de 1%.

O qui-quadrado de Wald (Wald Chi 2 (4)) = 123,58 é grande, com uma probabilidade associada de 0,0000, ou seja, Prob. Chi 2 = 0,000, indicando que o modelo é estatisticamente significativo a um nível de significância de 1%. O número quatro (4) entre parênteses indica os quatro factores de previsão (ATM, Cartão de Débito, Transferência Móvel e Internet Banking) utilizados no modelo.

Os resultados da regressão Probit mostram que os quatro factores de previsão (ATM, Cartão de Débito, Transferência Móvel e Internet Banking) do modelo têm todos coeficientes positivos. O coeficiente da Caixa Automática é de 0,3370514, o do Cartão de Débito é de 1,136607 e o da Transferência Móvel é de 0,6430875, enquanto o do Internet Banking é de 0,5074289. Os coeficientes positivos destes quatro factores de previsão do modelo implicam que a probabilidade de satisfação dos clientes aumenta com a utilização de ATM, Cartão de Débito, Transferência Móvel e Internet Banking, respetivamente. O coeficiente da constante é de -0,8754835 e implica que a satisfação dos clientes é suscetível de diminuir constantemente em - 0,8754835 com a utilização do sistema de pagamentos electrónicos (ATM, Cartão de Débito, Transferência Móvel e Internet Banking).

As probabilidades das estatísticas z para o Cartão de Débito, Transferência Móvel,

Internet Banking e a constante são 0,000, 0,000, 0,001 e 0,000, respetivamente. Isto implica que todos eles são estatisticamente significativos a um nível de significância de 1%. O Wald Chi2 (4) é 123,58 com uma probabilidade de 0,0000. Isto implica que o modelo é estatisticamente significativo a um nível de significância de 1%. O valor entre parênteses indica que foram utilizados quatro factores de previsão (ATM, cartão de débito, transferência móvel e Internet Banking) no modelo.

Os resultados da regressão Logit indicam coeficientes positivos de 0,5073218, 2,064151, 1,317325 e 0,982888 para a ATM, o cartão de débito, a transferência móvel e o Internet Banking, respetivamente. Isto implica que a probabilidade de satisfação do cliente aumenta com a utilização do sistema de pagamentos electrónicos (ATM, Cartão de Débito, Transferência Móvel e Internet Banking). A constante tem um coeficiente negativo de -1,586667 e implica que a satisfação do cliente é suscetível de diminuir constantemente em -1,586667 com a utilização do sistema de pagamentos electrónicos. As probabilidades associadas das estatísticas z para o Cartão de Débito, Transferência Móvel, Internet Banking e a variável constante são todas 0,000 respetivamente, o que implica que são todas estatisticamente significativas ao nível de 1% de significância. O Wald Chi 2 (4) é 97,48 com uma probabilidade associada (Prob. Chi 2) de 0,0000, o que implica que o modelo é estatisticamente significativo a um nível de significância de 1%.

O erro padrão robusto foi utilizado no cálculo para ajustar os problemas de normalidade e heteroscedasticidade.

4.3.2 Impacto do pagamento eletrónico na utilização de numerário

Variáveis	Efeito marginal (dprobit)	Probit	Logit
CONSTANTE Coeficiente Prob. (z-stat) Robust std. Err.		-0.3055993 0.014** 0.1243536	-0.5119056 0.011** 0.201037
ATM Coeficiente Prob. (z-stat) Robusto std. Err	-0.1494053 0.087* 0.0833327	-0.4097088 0.087* 0.2393699	-0.6514283 0.090* 0.3847701
DC Coeficiente Prob. (z-stat) Robusto std. Err	0.3300148 0.000*** 0.869227	0.8627161 0.000*** 0.2353125	1.389185 0.000*** 0.3798253
MT Coeficiente Prob. (z-stat) Robusto std. Err	0.1374987 0.003*** 0.0453799	0.3637629 0.003*** 0.1212991	0.6127102 0.002*** 0.1988795
INT.B Coeficiente Prob. (z-stat) Robusto std. Err	0.0963795 0.042** 0.0472585	0.2545824 0.042** 0.1254303	0.4319442 0.034** 0.203501
Pseudo R2	0.0659	0.0659	0.0667
Wald chi 2 (4)	37.61	37.61	35.61
Prob. Chi 2	0.0000***	0.0000***	0.0000***

*significativo a 1%, **significativo a 5%, *significativo a 10%.

Fonte: Cálculo do autor (2013)

Os coeficientes da regressão do efeito marginal (dprobit) indicam que um aumento unitário na utilização da Caixa Automática diminui a probabilidade de os clientes utilizarem numerário em -0,1494053, ou seja, diminui a utilização de numerário pelos clientes em cerca de 15%. O coeficiente de 0,3300148 para o Cartão de Débito indica que um aumento unitário na utilização do cartão de débito pelos clientes bancários aumenta a probabilidade de utilização de numerário pelos clientes em 33%. O coeficiente de 0,1374987 para a facilidade de transferência móvel implica que um aumento unitário na utilização da facilidade aumenta a probabilidade de os clientes utilizarem numerário em 13,75%, enquanto um aumento unitário na utilização do Internet Banking tem a probabilidade de aumentar a utilização de numerário pelos clientes em 9,63%.

As probabilidades das estatísticas z para o Cartão de Débito, Transferência Móvel e Internet Banking são 0,000, 0,003 e 0,042, e mostram que tanto o Cartão de Débito como a Transferência Móvel são estatisticamente significativos a um nível de significância de 1%, enquanto o Internet Banking é estatisticamente significativo a um nível de significância de 5%. O ATM é estatisticamente significativo a um nível de significância de 10%.

O Qui-quadrado de Wald (Wald Chi 2 (4)) = 37,61 é elevado, com uma probabilidade associada de 0,0000, ou seja, Prob. Chi 2 = 0,000, indicando que o modelo é estatisticamente significativo a um nível de significância de 1%. A figura entre parênteses indica os quatro factores de previsão (ATM, Cartão de Débito, Transferência Móvel e Internet Banking) utilizados no modelo como proxy do sistema de pagamentos electrónicos.

Os resultados da regressão Probit mostram que três dos quatro factores de previsão (Cartão de Débito, Transferência Móvel e Internet Banking) do modelo têm todos coeficientes positivos. O coeficiente do Cartão de Débito é de 0,8627161, o da Transferência Móvel é de 0,3637629 e o do Internet Banking é de 0,2545824. Estes coeficientes positivos implicam que a probabilidade de os clientes utilizarem dinheiro aumenta com a utilização do cartão de débito, da transferência móvel e do Internet Banking, respetivamente. O coeficiente da variável Caixa Automática é - 0,4097088 e implica a probabilidade de a utilização de numerário pelos clientes diminuir com a utilização da Caixa Automática. O coeficiente da variável constante é - 0,3055993 e implica que é provável que a utilização de numerário pelos clientes diminua constantemente em -0,8754835 com a utilização do sistema de pagamentos electrónicos.

As probabilidades das estatísticas z para o cartão de débito, a transferência móvel, o Internet Banking e a constante são 0,000, 0,003, 0,042 e 0,014, respetivamente. Isto implica que tanto o Cartão de Débito como a Transferência Móvel são estatisticamente significativos a um nível de significância de 1%, o Internet Banking e a variável constante são estatisticamente significativos a um nível de significância de 5%, enquanto o ATM é estatisticamente significativo a um nível de significância de 10%.

O Wald Chi2 (4) é 37,61 com uma probabilidade de 0,0000. Isto implica que o modelo é estatisticamente significativo a um nível de significância de 1%. A figura entre parênteses indica os quatro factores de previsão (ATM, Cartão de Débito, Transferência Móvel e Internet Banking) utilizados no modelo.

Os resultados da regressão Logit indicam coeficientes positivos de 1,389185, 0,6127102, e 0,4319442 para o Cartão de Débito, Transferência Móvel e Internet Banking, respetivamente. Isto implica que a probabilidade de utilização de numerário aumenta com a utilização do Cartão de Débito, Transferência Móvel e Internet Banking. O coeficiente para o ATM é negativo, com um valor de -0,6514283, o que implica que a probabilidade de utilização de numerário diminui com a utilização do ATM. A variável constante tem um coeficiente negativo de -0,5119056 e implica que a probabilidade de utilização de numerário pelos clientes diminui constantemente em

-1,586667 com a utilização do sistema de pagamentos electrónicos.

As probabilidades associadas das estatísticas z para o Cartão de Débito, Transferência Móvel, Internet Banking e a variável constante são 0,000, 0,002, 0,034 e 0,011, respetivamente. Isto implica que tanto o Cartão de Débito como a Transferência Móvel As transferências são estatisticamente significativas a um nível de significância de 1%, o Internet Banking e a variável constante são estatisticamente significativos a um nível de significância de 5%, enquanto o ATM é estatisticamente significativo a um nível de significância de 10%.

O Wald Chi 2 (4) é de 35,61 com uma probabilidade associada (Prob. Chi 2) de 0,0000, o que implica que o modelo é estatisticamente significativo a um nível de significância de 1%.

O erro padrão robusto foi utilizado no cálculo para ajustar os problemas de normalidade e heteroscedasticidade.

4.3.3 Impacto do sistema de pagamento eletrónico nas filas de espera

Minimização

Variáveis	Efeito marginal (dprobit)	Probit	Logit
CONSTANTE			
Coeficiente		-0.2271029	-0.386741
Prob. (z-stat)		0.067*	0.052*
Erro std. Err.		0.1240121	0.1992607
ATM			
Coeficiente	-0.1076763	-0.3163316	-0.486745
Prob. (z-stat)	0.144	0.144	0.147
Erro robusto std. Err	0.070577	0.2165106	0.3352332
DC			
Coeficiente	0.283828	0.7707798	1.248344
Prob. (z-stat)	0.000	0.000***	0.000***

Erro robusto std. Err	0.781588	0.2115977	0.3283548
MT			
Coeficiente	0.1353662	0.3827219	0.6423583
Prob. (z-stat)	0.003***	0.003***	0.003***
Erro robusto std. Err	0.0446634	0.1274075	0.2145805
INT.B			
Coeficiente	0.1421	0.4020322	0.6668046
Prob. (z-stat)	0.002***	0.002***	0.003***
Erro robusto std. Err	0.0463809	0.1323405	0.2215107
Pseudo R2	0.0813	0.0813	0.0819
Wald chi 2 (4)	47.56	47.56	46.01
Prob. Chi 2	0.0000***	0.0000***	0.0000***

*significativo a 1%, **significativo a 5%, *significativo a 10%.

Fonte: Cálculo do autor (2013)

Os coeficientes da regressão do efeito marginal (dprobit) indicam que um aumento unitário na utilização da Caixa Automática diminui a probabilidade de minimizar a fila de espera dos clientes em -0,1076763, ou seja, em cerca de 11%. O coeficiente de 0,283828 para o Cartão de Débito indica que um aumento unitário na utilização do cartão de débito pelos clientes do banco aumenta a probabilidade de minimizar a fila de espera dos clientes em 28,38%. O coeficiente de 0,1353662 para a facilidade de Transferência Móvel implica que um aumento unitário na utilização da facilidade aumenta a probabilidade de minimizar a fila de espera dos clientes em 13,54%, enquanto um aumento unitário na utilização do Internet Banking tem a probabilidade de aumentar a minimização da fila de espera dos clientes em 14,21%.

As probabilidades das estatísticas z para Cartão de débito, Transferência móvel e Internet Banking são 0,000, 0,003 e 0,002 e mostram que são todas estatisticamente significativas a um nível de significância de 1%.

O qui-quadrado de Wald (Wald Chi 2 (4)) = 47,56 é grande, com uma probabilidade associada de 0,0000, ou seja, Prob. Chi 2 = 0,000, indicando que o modelo é estatisticamente significativo a um nível de significância de 1%. O número quatro (4) entre parênteses indica os quatro factores de previsão (ATM, Cartão de Débito, Transferência Móvel e Internet Banking) utilizados no modelo.

Os resultados da regressão Probit mostram que o Cartão de Débito, a Transferência Móvel e o Internet Banking têm coeficientes positivos. O coeficiente do Cartão de Débito é de 0,7707798, o da Transferência Móvel é de 0,3827219, enquanto o do Internet Banking é de 0,4020322. Os sinais positivos destes coeficientes implicam que a probabilidade de os clientes minimizarem as filas de espera aumenta com a utilização do Cartão de Débito, da Transferência Móvel e do Internet Banking, respetivamente. O coeficiente da variável ATM é -0,3163316 e implica que a probabilidade de os clientes minimizarem as filas de espera diminui com a utilização da facilidade ATM. A variável constante é -0,2271029 e implica que a probabilidade de minimização das filas de espera dos clientes diminui constantemente em -0,8754835 com a utilização do sistema de pagamentos electrónicos.

As probabilidades das estatísticas z para o Cartão de Débito, Transferência Móvel e Internet Banking são 0,000, 0,003 e 0,002, respetivamente. Isto implica que todas elas são estatisticamente significativas a um nível de significância de 1%. A variável constante de 0,067 é significativa a um nível de significância de 10%. O Wald Chi2 (4) 47,56 com uma probabilidade de 0,0000. Isto implica que o modelo é estatisticamente significativo a um nível de significância de 1%. A figura entre parênteses indica os quatro factores de previsão (ATM, cartão de débito, transferência móvel e Internet Banking) utilizados no modelo.

Os resultados da regressão Logit indicam coeficientes positivos de 1,248344, 0,6423583 e 0,6668046 para o Cartão de Débito, Transferência Móvel e Internet Banking, respetivamente. Isto implica que a probabilidade de minimizar a fila de espera dos clientes aumenta com a utilização do Cartão de Débito, da Transferência Móvel e do Internet Banking. A ATM tem um coeficiente negativo de - 0,486745 e indica que a probabilidade de minimizar a fila de espera dos clientes diminui com a utilização da ATM. A constante também tem um coeficiente negativo de -0,386741 e implica que a probabilidade de minimização das filas de espera dos clientes diminui constantemente em -0,386741 com a utilização do sistema de pagamentos electrónicos. As probabilidades associadas das estatísticas z para Cartão de débito, Transferência móvel, Internet Banking e a variável constante são 0,000, 0,003, 0,003 e 0,052. Isto implica que o Cartão de Débito, a Transferência Móvel e o Internet Banking são estatisticamente significativos a um nível de significância de 1%, enquanto a variável constante é estatisticamente significativa a um nível de significância de 10%.

O Wald Chi 2 (4) é 46,01 com uma probabilidade associada (Prob. Chi 2) de 0,0000, o que implica que o modelo é estatisticamente significativo a um nível de significância de 1%.

O erro padrão robusto foi utilizado no cálculo para ajustar os problemas de normalidade e heteroscedasticidade

4.4 Benefícios associados à utilização do sistema de pagamento eletrónico

A tabela 4.4 abaixo mostra a investigação sobre os benefícios associados à utilização do sistema de pagamento eletrónico pelos clientes bancários.

Tabela 4.4 Benefícios associados à utilização do sistema de pagamento eletrónico

Perguntas	Percentagem %
O sistema de pagamento eletrónico trouxe-lhe comodidade na realização das suas transacções?	
Sim	78.21
Não	21.79
O sistema de pagamento eletrónico reduziu o risco de crimes relacionados com numerário?	
Sim	72.22
Não	27.78
O sistema de pagamento eletrónico proporcionou-lhe um acesso mais barato aos serviços bancários fora das agências?	
Sim	70.94
Não	29.06

Fonte: Investigação do autor, 2013

Da tabela 4.4, 78,21% dos inquiridos concordaram que o Sistema de Pagamento Eletrónico lhes trouxe conveniência nas suas transacções com os bancos. 72,22% dos inquiridos são da opinião de que o Sistema de Pagamento Eletrónico reduziu o risco de crimes relacionados com dinheiro, enquanto 70,94% do total de inquiridos concordaram que o Sistema de Pagamento Eletrónico lhes deu a oportunidade de aceder a serviços bancários mais baratos fora dos balcões.

4.5 Problemas associados ao sistema de pagamento eletrónico como substituto do sistema baseado em numerário.

O quadro 4.5 abaixo mostra alguns dos desafios enfrentados pelos utilizadores do sistema de pagamento eletrónico na Nigéria.

Tabela 4.5 Problemas associados ao sistema de pagamento eletrónico

Perguntas	Percentagem %
Considera que o sistema de pagamento eletrónico está a ser posto em causa pela fraude nos pagamentos electrónicos?	
Sim	87.39
Não	12.61

Considera que o sistema de pagamento eletrónico é afetado por uma alimentação eléctrica epilética? Sim Não	66.88 33.12
O pagamento eletrónico é dificultado pelo número limitado de terminais ATM e de pontos de venda em locais prioritários? Sim Não	91.88 8.12
Os pagamentos electrónicos são afectados por comissões bancárias indiscriminadas e exorbitantes? Sim	55.13 44.87
O sistema de pagamento eletrónico é afetado pelo tempo de inatividade da rede? Sim Não	87.39 12.61

Fonte: Inquérito do autor, 2013

A tabela 4.5 acima representa as respostas dos inquiridos sobre os desafios associados à utilização do sistema de pagamento eletrónico. Um total de 87,39% do total de inquiridos concordou que o sistema de pagamento eletrónico é confrontado com fraudes de pagamento eletrónico, 66,88% dos inquiridos concordaram que os utilizadores do sistema de pagamento eletrónico são confrontados com problemas de fornecimento de energia epilético, 91,88% concordaram com a limitação de terminais de pontos de venda (POS) / caixas automáticas (ATM) em locais prioritários, 55,13% dos inquiridos opinaram sobre taxas bancárias exorbitantes para a utilização dos produtos de pagamento eletrónico, enquanto 87,39% se queixaram de que são confrontados com o tempo de inatividade da rede. Por outro lado, 12,61%, 33,12%, 8,12%, 44,87% e 12,61% do total de inquiridos consideraram que o sistema de pagamento eletrónico não é afetado por fraudes nos pagamentos electrónicos, por um fornecimento de energia epilético, por terminais ATM/POS limitados, por encargos bancários exorbitantes e pelo tempo de inatividade da rede, respetivamente.

4.6 Teste de hipóteses

A estatística do teste Wald Chi Square foi utilizada para testar as três hipóteses.

Hipótese um

H_{01}: não existe uma relação significativa entre o Sistema de Pagamento Eletrónico e a Satisfação dos Clientes Bancários.

Os qui-quadrados de Wald calculados a partir das regressões dprobit (efeito marginal), Probit e Logit são 123,58, 123,58 e 97,48, respetivamente, e são todos individualmente superiores ao seu valor crítico de 18,3 (ou seja, 123,58, 123,58 e 97,48 > 18,3) a um nível de significância de 5%. Isto implica, portanto, que não aceitamos a hipótese nula e que existe uma relação significativa entre o sistema de pagamento eletrónico e a satisfação dos clientes bancários.

Hipótese dois

H_{02}: não existe uma relação significativa entre o sistema de pagamento eletrónico e a utilização de numerário

Os qui-quadrados de Wald calculados a partir das regressões dprobit (efeito marginal), Probit e Logit são 37,61, 37,61 e 35,61, respetivamente, e são todos individualmente superiores aos seus valores críticos de 18,3 (ou seja, 37,61, 37,61 e 35,61 > 18,3) a um nível de significância de 5%. Isto implica, portanto, que não aceitamos a hipótese nula e que existe uma relação significativa entre o sistema de pagamento eletrónico e a utilização de numerário.

Hipótese três

H03: não existe uma relação significativa entre o sistema de pagamento eletrónico e a minimização das filas de espera

Os qui-quadrados de Wald calculados a partir das regressões dprobit (efeito marginal), Probit e Logit são 47,56, 47,56 e 46,01, respetivamente, e são todos individualmente superiores ao seu valor crítico de 18,3 (ou seja, 47,56, 47,56 e 46,01 > 18,3) a um nível de 5% de significância. Isto implica, portanto, que não aceitamos a hipótese nula e que existe uma relação significativa entre o sistema de pagamento eletrónico e a minimização das filas de espera.

A teoria da difusão da inovação e a teoria da aceitação da tecnologia são duas teorias semelhantes sobre a adoção de tecnologias, com cinco e dois construtos, respetivamente. As conclusões do presente trabalho de investigação, segundo as quais os factores que influenciam a adoção do sistema de pagamento eletrónico são a facilidade de utilização, a conveniência, a utilidade e a facilidade de utilização (não dificuldade de compreensão), bem como as conclusões sobre os benefícios do sistema de pagamento eletrónico, que incluem a redução do risco de crimes relacionados com dinheiro, o acesso mais barato a serviços bancários fora das agências e a conveniência na realização de transacções bancárias, estão todas em sintonia com os constructos fornecidos pelas duas teorias. As conclusões deste trabalho de investigação são, por conseguinte, coerentes com as conclusões de Rogers (1995); Pikkarainen, Pikkarainen, Karjaluoto e Pahnila (2004); Hogarth, kolodinsky e Gabor (2008); Park (2009); e Okafor e Ezeani (2012).

Aplicando o modelo de Kano de satisfação dos clientes aos resultados deste trabalho de investigação, as facilidades de pagamento eletrónico (ATM, cartões de débito, transferências móveis, Internet Banking) são os requisitos obrigatórios esperados pelos clientes que desejam utilizar as facilidades de pagamento eletrónico dos bancos. As conclusões deste trabalho de investigação, tais como a conveniência, a facilidade de utilização, a utilidade e a não dificuldade de utilização, são factores que podem atrair os clientes para a utilização do sistema de pagamento eletrónico e, em última análise, provocar a sua satisfação. Isto está, portanto, em conformidade com os Requisitos Unidimensionais e os Requisitos Atractivos do Modelo de Kano. Talvez isto tenha explicado o impacto significativo do sistema de pagamento eletrónico na satisfação dos clientes, estabelecido por este estudo.

As conclusões do presente estudo são, por conseguinte, coerentes com as conclusões de Walder (1993), Sauerwein, Bailom, Matzler e Hinterhuber (1996), Jacobs (1997), Ungvari (1999), Zultner e Mazur (2006).

4.7 Resumo das conclusões

O resumo das conclusões inclui:

i) existe uma relação significativa entre o sistema de pagamento eletrónico e a satisfação dos clientes bancários.

ii) existe uma relação significativa entre o pagamento eletrónico e a utilização de numerário pelos clientes

iii) existe uma relação significativa entre o pagamento eletrónico e a minimização das filas de espera

iv) os factores que influenciam a adoção dos meios de pagamento eletrónico incluem a facilidade de utilização, a conveniência, a utilidade e a facilidade de utilização.

v) benefícios como a conveniência, a redução do risco de crimes relacionados com numerário e o acesso mais barato a serviços bancários fora dos balcões foram considerados associados à utilização do sistema de pagamento eletrónico.

vi) problemas como a fraude nos pagamentos electrónicos, o fornecimento epilético de energia, a limitação dos terminais ATM/POS, as comissões bancárias indiscriminadas e o tempo de inatividade da rede foram associados à utilização do sistema de pagamento eletrónico

CAPÍTULO 5: RESUMO, CONCLUSÕES E RECOMENDAÇÕES

Esta secção resume os resultados deste trabalho de investigação, apresentando igualmente conclusões e recomendações. Sugere também áreas para estudos futuros.

5.1 Resumo

O sistema de pagamentos na Nigéria tem vindo a melhorar ao longo do tempo, evoluindo do processamento manual das transacções para o sistema de liquidação eletrónica, mas o impacto da nova tecnologia não se tem feito sentir muito na redução da utilização de numerário e das filas de espera nas agências bancárias nigerianas. Talvez os clientes não estejam satisfeitos com a plataforma de liquidação eletrónica. Este trabalho de investigação examinou o sistema de pagamento eletrónico e a satisfação dos clientes bancários na Nigéria.

O trabalho de investigação apresentou os antecedentes do estudo, o enunciado do problema e as questões de investigação. O objetivo principal do estudo era examinar o Sistema de Pagamento Eletrónico e a Satisfação dos Clientes Bancários na Nigéria, enquanto outros objectivos específicos examinavam os factores que influenciam a aceitabilidade do sistema de pagamento eletrónico pelos clientes bancários; o Sistema de Pagamento Eletrónico e a utilização de dinheiro; o Sistema de Pagamento Eletrónico na minimização das filas de espera; bem como os problemas e benefícios associados à utilização do Sistema de Pagamento Eletrónico.

As literaturas foram revistas e discutidas no âmbito do quadro concetual, da fundamentação teórica e do quadro empírico. As teorias adoptadas para este estudo foram a Difusão da Inovação, o Modelo de Aceitação da Tecnologia e o Modelo de

Kano de Satisfação dos Clientes.

Os dados obtidos foram submetidos à regressão dprobit (regressão de efeito marginal), bem como às regressões probit e logit, respetivamente. As hipóteses foram testadas e os resultados revelaram que o sistema de pagamento eletrónico tem um impacto significativo na satisfação dos clientes. E que o Sistema de Pagamento Eletrónico tem um impacto significativo na utilização de numerário, bem como na minimização das filas de espera. Os resultados também mostraram que os factores que influenciam a adoção do sistema de pagamento eletrónico são a facilidade de utilização, a conveniência, a utilidade e a facilidade de utilização (não dificuldade de compreensão), e que os benefícios associados à utilização do sistema de pagamento eletrónico incluem a redução do risco de crimes relacionados com dinheiro, o acesso mais barato a serviços bancários fora das agências e a conveniência na realização de transacções bancárias. O estudo mostrou também que a fraude nos pagamentos electrónicos, o fornecimento epilético de energia eléctrica, os encargos bancários exorbitantes, a limitação dos terminais ATM/POS e o tempo de inatividade da rede são alguns dos desafios associados à utilização do sistema de pagamento eletrónico na Nigéria.

5.2 Conclusão

Este estudo conclui que o sistema de pagamento eletrónico tem um impacto significativo na satisfação dos clientes bancários na metrópole de Ilorin, no Estado de Kwara, embora com os desafios associados à utilização das facilidades de pagamento eletrónico. Se as recomendações deste estudo forem implementadas pelos intervenientes relevantes, é muito provável que mais nigerianos adoptem a tecnologia na realização das suas transacções bancárias, o que, por sua vez, terá um grande efeito no sistema financeiro nigeriano - o sistema de pagamento e liquidação, em particular, e toda a economia em geral.

5.3 Recomendações

Com base nos resultados deste trabalho de investigação, são feitas as seguintes recomendações:

i. O Banco Central da Nigéria (CBN), sendo uma entidade supervisora e reguladora, deve iniciar um processo de esclarecimento do público sobre a utilização do sistema de pagamento eletrónico; deve criar especificamente uma política de "transação eletrónica" para permitir que os nigerianos adoptem a utilização do sistema de pagamento eletrónico antes de passarem a não utilizar dinheiro. Isto porque a política de não pagamento em numerário que a CBN introduziu recentemente não pode prosperar ou funcionar sem que os clientes adoptem primeiro as facilidades de pagamento eletrónico.

ii. Além disso, o Governo da Nigéria deve adotar medidas de proteção dos clientes através da CBN, a fim de obrigar os bancos a enfrentar desafios como a fraude nos pagamentos electrónicos, os encargos exorbitantes, a limitação dos POS/ATM em locais prioritários e o tempo de inatividade da rede. A resolução destes problemas não só atrairá mais clientes para os serviços de pagamento eletrónico, como também aumentará a confiança dos actuais utilizadores nesta tecnologia.

iii. Além disso, o governo deve criar infra-estruturas adequadas, em especial um fornecimento estável de energia, o que permitirá resolver o problema do fornecimento epilético de energia. O fornecimento de uma fonte de energia estável não só encorajará os clientes a utilizar as facilidades de pagamento eletrónico a pedido, como também reduzirá os custos de funcionamento dos bancos, que são normalmente transferidos para os clientes , resultando em encargos bancários exorbitantes.

5.4 Sugestões para estudos futuros

Este estudo também sugere o seguinte para investigação futura:

i.) Que este estudo seja realizado noutras partes (estados) da Nigéria, a fim de validar as suas conclusões.

ii.) Que seja realizada mais investigação sobre os bancos e o seu objetivo de maximização dos lucros através dos sistemas de pagamento eletrónico na Nigéria

iii.) Que se procure investigar as causas e a solução para as filas de espera nos corredores bancários nigerianos.

REFERÊNCIAS

Abiodun, E., e Chima, O. (2012). Política sem dinheiro: Um fardo ou um alívio? Recuperado em 25 de abril, 2012 de http://www.thisdaylive.com/articles/1114483.

Adedo, M. A. (2006). Guia de redação de projectos, uma introdução. (2ª Ed.). Ilorin: Olad editoras e empresas de impressão.

Adeoye, B., e Lawanson, O. (2012). Satisfação dos clientes e suas implicações para o desempenho dos bancos na Nigéria, 5(1), 13-29.

Agabonifo, O. C., Adeola, S. O., e Oluwadare, S. A. (2012). An Assessment of the Role of ICT in the Readiness of Nigerian Bank Customers in the Introduction of Cashless Transactions (Uma Avaliação do Papel das TIC na Prontidão dos Clientes dos Bancos Nigerianos na Introdução de Transacções sem Dinheiro). *International of Computing and ICT Research*, 6(2), 9-22.

Agboola, A. A. (2006). Electronic Payment Systems and Tele Banking Services in Nigeria.*Journal of Internet Banking and Commerce*, 11(3).

Ajzen, I., e Fisherbein, M. (1980). Understanding Attitudes and Predicting Social Behavior [Compreender as atitudes e prever o comportamento social]. Englewood Cliffs, NJ: Prentice-Hall.

Akhalumeh, P. B., e Ohiokha, F. (2012). A economia sem dinheiro da Nigéria: The Imperatives. *IJMB, 2(2), 31 36.*

Ayo, C. K. (2006). As perspectivas de implementação do comércio eletrónico na Nigéria. *Journal of Internet Internet Banking and Commerce*, 11(3), 101-113.

Ayo, C. K., Ekong, U., Fatudimu, I. T., e Adebiyi, A. A. (2008). MCommerce Implementation in Nigeria: Trends and Issues. *Journal of Internet Banking and Commerce*, 23(3), 213-215.

Balachandher, K. G., Santha, V. , Norazlin, I. e Prasad, R. (2001). Electronic banking in Malaysia: A note on Evolution of Services and Consumer Reactions. *Journal of Internet Banking and Commerce*, 5(1).

Boyd, T. (2007). Marketing Tent and Cases Research. Illions: Win Incorportaions

Dia de negócios. (2012). A essência da política sem dinheiro. Recuperado em 14 de setembro de 2012, de http://www.businessdayonline.com/NG/index.php/analysis/editorial/444 372.

Banco Central da Nigéria. (2011). Esclarecimentos adicionais sobre Lagos sem dinheiro. Recuperado em 11 de novembro de 2011 de http://www.cenbank.org/cashlesss/.

Banco Central da Nigéria. (2011). Série "Compreender a Política Monetária". Série n.º 1. Abuja: Publicações do CBN.

Banco Central da Nigéria (2012). Towards a Cashless-Less Nigeria: Tools and Strategies. Comunicação apresentada na 24.ªConferência Nacional da Sociedade Nigeriana de Computadores, realizada em Uyo, Nigéria. De quarta-feira 25 a sexta-feira 27 de julho de 2012. Obtido em 17 de dezembro de 2012 em http://www.NCS.org/presentation/.

Corey, R. (2012). Opções de pagamento para compradores online. Obtido em 20 de setembro de 2012, de http://www.entrepreneur.com /article/58384

Costello, D. (2003). Mobilidade e micropagamento . Obtido em 3 de março de 2005 em http://www.epays.com/downloads /zafion_WP.pdf .

Davis, F. D. (1989). Perceived Usefulnesss, Perceived Ease of Use, and User Acceptance of Information Technology. *MIS Quaterly*, 13(3), 319-339.

Davis, F. D., Bagozzi, R. P., e Warshaw, P. R. (1989). User Acceptance of Computer Technology: A Comparison of two Theoretical Models. *Management Science*, 35(8), 982-1003.

Emmanuel, G. e Sife, A. S. (2008). Desafios da Gestão das Tecnologias de Informação e Comunicação para a Educação, Experiências da Biblioteca Agrícola Nacional de Sokoine. *Revista Internacional de Educação e Desenvolvimento com recurso às TIC*, 4(3).

Farmer, E. L. (2009). Modelo Kano. Recuperado em 18 de abril, 2013 de http://www.iems.ucf.edu/research/ASQ/presenmtations/kano.ppt

Fasan, R. (2007). Banco, relação com o cliente e utilização de cartões ATM. Jornal Business Day. Recuperado em 28 de fevereiro, 2008 de http://www.businessdayonline.com.

Garbarino, E., e Johnson, M. S. (1999). The Different Roles of Satisfaction, Trust and Commitment in Customer Relationships. *Journal of Marketing*, 63(3), 70-87.

Gerrard, P., e Cunningham, J. B. (2003). The Diffusion of Internet Banking among Singapore consumers. *International Journal of Bank Marketing,* 21(1), 16-28.

Gerson, V. (1998). Serviço com mais do que um sorriso. *Journal of Bank Marketing*, 30(8), 32-36.

Gresvik, O., e Owre, G. (2002)." Banks Cost and Income in the Payment System in 2001". Boletim Económico do Norges Bank.

Gujarati, D. N. (2009). Introdução à Econometria Básica. (5ª ed.). Singapura: MacGraw-Hill

Hogarth, J. M., Kolodinsky, J., e Gabor, T. (2008). Consumer Payment Choices: Paper, Plastics or Electrons. *International Journal of Electronic Banking,* 1(1), 16-16.

Howcroft, B., Hamilton, R., e Hewer, P. (2002). Consumer Attitude and the Usage and Adoption of Home-based Banking in the United Kingdom. *The International Journal of Bank Marketing*, 20(3), 111-121.

Humphrey, D. B., Kim, M., e Vale, B. (2001). Realizing the Gains from Electronic Payments: Cost, Pricing, and Payment Choice. *Journal of Money, Credit, and Banking,* 33(2), 216-234.

Humphrey, D. B. (2004). Replacement of Cash by Cards in U.S Consumer Payments. *Journal of Economics and Business*, 56, 221-225.

Investopedia (2013). Recuperado em 1 de abril de 2013 de http://www.investopedia.eom/terms/b/business-banking.asp

Jacobs, R. (1997). Evaluating customer satisfaction with media products and services. *European Media Management Journal, 32,* 11 - 18.

Kaleem, A., e Ahmad, S. (2008). Bankers' Perception of Electronic Banking in Pakistan (Perceção dos banqueiros sobre a banca eletrónica no Paquistão). *Journal of Internet Banking and commerce.*

Kiang, M. Y., Raghu, T. S. e, Hueu-Min Shang, K. (2000). Marketing na Internet - Quem pode beneficiar de uma abordagem de marketing em linha? *Decision Support System*, 27(4), 383-393.

Legris, P., Ingham, J., e Collerette, P. (2003). Why do People Use Information Technology? A Critical Review of the Technology Acceptance Model. *Information and Management*, 40, 191-204.

Leow, H. B. (1999). New Distribution Channels in Banking Services (Novos canais de distribuição de serviços bancários). *Banker's Journal Malaysia,* 1(110), 48-56.

Mantel, B. (2000). Why do consumers pay bills electronically? An empirical analysis. *Economic Perspectives, Federal Reserve Bank of Chicago*, Iss. Q IV, p. 32-48

Min, H., e Galle, W. P. (1999). Electronic Commerce Usage in Business- to-Business Purchasing. *International Journal of Operations and Production Management*, 19(9), 909-921.

Moutinho, L., Davies, F., Deng, S., Miguel, P. S., e Alcaniz, J. E. (1997). The Future Role of Bank Branches and their Managers: Comparing Managerial Perceptions in Canada and Spain. *International Journal of Bank Marketing*, 15(3), 99-105.

Nancy, B., Lockett, A., Winklhofer, H., e Christine, E., (2001).The Adoption of Internet Financial Services: A Qualitative Study. *International Journal of Retail and Distribution Management*, 29(8), 390-398.

NigeriaVision 20: 2020 (2009). Plano de Transformação Económica. Nigéria: Comissão Nacional de Planeamento.

Nwankwo, O., e Eze, O. R. (2013). Pagamento eletrónico na economia sem dinheiro da Nigéria: Problems and Prospects. *Journal of Management Research*, 5(1), 138-151.

Nwaolisa, E.F., e Kasie, E.G. (2012). Sistemas de pagamento eletrónico de retalho: User Acceptability and Payment Problems in Nigeria (Aceitabilidade dos utilizadores e problemas de pagamento na Nigéria). *Arabian journal of Business and management review (OMAN Chapter)* (9), 111-123.

Odior, E. S., e Banuso, F. B. (2012). Cashless Banking in Nigeria: Challenges, Benefits and Policy Implications. *Jornal Científico Europeu*, 8(12), 289-315.

Oketola, D. (2012). CBN implementará a política sem dinheiro em etapas. Recuperado em 30 de julho, 2012 de http://www.punchng.com/business/business.economy/.

Okey,O. O. (2012). O Banco Central da Nigéria Política de não utilização de numerário na Nigéria: Benefício e desafios. *Jornal de Economia e Desenvolvimento Sustentável*, 3(14),128-133.

Oladejo, M. O., e Akanbi, T. (2012). Perceção dos banqueiros sobre a banca eletrónica na Nigéria: A review of post consolidation Experience. *Revista de investigação em finanças e contabilidade,* 3(2), 5-6.

Oladejo, M. O., e Dada, A. (2008). Information Technnology on Service Delivery: An Introduction into some Selected Nigerian Insurance Companies, in proceedings of International Conference on Research and Development. Vol. 1, N.º 13, realizada de 25 a 28 de novembro de 2008, no Instituto de Estudos Africanos, Universidade do Gana, Acra, Gana.

Opadokun, A. B. (1990). Metodologia de Investigação. Ede: Aseda Publishing

Oumlil, A., e Williams A. (2000). Consumer Education Program for Mature

Customers'. *Journal of Services Marketing*, 14(3), 232-243.

Oyedokun, T. A. (2002). Elementos e operações bancárias. Lagos: Fortnight Educational Publisher.

Park, Y. S. (2009). An Analysis of the Technology Acceptance Model in Understanding university Students' Behavioral Intention to use elearning. *Educational Technology and Society*, 12(3), 150-162.

Peffers, W. (1991). E-banking, Management and Control. New York: McGraw Hill IrwinInternational.

Pikkarainen, T., Pikkarainen, K., Karjaluoto, H., & Pahnila. S. (2004). Consumer Acceptance of Online Banking: an Extension of the technology Acceptance Model. *Internet Research*, 14(3), 224-235.

Polatoglu, V. N., e Ekin, S. (2001). An Empirical Investigation of Turkish Consumers' Acceptance of Internet Banking Services (Uma investigação empírica sobre a aceitação dos serviços bancários pela Internet por parte dos consumidores turcos). *International Journal of Bank Marketing*, 19(4), 156-165.

Robinson, G. (2000). Bank to the Future. Recuperado em 20 de janeiro de 2013, de http://www. findarticles .com

Rogers, E. M. (1995). Diffusion of Innovations. (4ª Ed.). Nova Iorque: The Free Press.

Rose, P. S. (1999). Gestão da Banca Comercial. (1ª Ed.). Boston: Irwin/McGraw Hill.

Sauerwein, E., Bailom, F., Matzler, K., e Hinterhuber, H. H. (1996). O modelo Kano: How to Delight your Customers". *Seminário Internacional de Trabalho sobre Economia da Produção*, 1(9), 313-327.

Noções básicas sobre cartões inteligentes. (2004). Smart Card Overview. Recuperado em 2 de fevereiro, 2012 de http://www. smartcardbasics.com/overview .html

Thornton, J., e White, L. (2001). Customer Orientations and Usage of Financial distribution Channels (Orientações para o cliente e utilização de canais de distribuição financeira). *Journal of Services Marketing*, 15(3), 168-185.

Ungvari, S. (1999). Acrescentando a terceira dimensão à qualidade. *Triz Journal, 40,* 31 - 35.

Walder, D. (1993). Kano's Model for Understanding Customer-defined Quality. *Center for Quality of Management Journal, 39,* 65 - 69.

White, H., e Nteli, F. (2004). Internet Banking in the UK: why are not more Customers'? *Journal of Financial Services marketing*, 9(1), 4957.

ZIKA, J. (2005).". Dinheiro eletrónico de retalho e instrumentos de pagamento pré-pagos". Instituto de Estudos Económicos, Universidade Carlos de Praga, Praga.

Zultner, R.E., e Mazur, G. H. (2006). O modelo Kano: Recent Developments. *O décimo oitavo simpósio sobre a implementação da função qualidade.*

Apêndice I

SECÇÃO A: DADOS BIOLÓGICOS DOS INQUIRIDOS

INSTRUÇÕES: Assinale a opção aplicável e as suas respostas sinceras são necessárias para obter informações credíveis.

1. Grupo etário:
   (a) Menos de 21 anos ( ) (b) 21-30 anos ( ) (c) 31-40 anos ( )
   (d) 41-50 anos ( ) (e) 51 anos e mais ( )

2. Género:
   Masculino ( ) Feminino ( )

3. Estado civil:
   Solteiro ( ) Casado ( ) Divorciado ( ) Viúvo ( )

4. Nível de ensino mais elevado:
   Ensino Médio ( ) Graduação ( ) Pós-Graduação ( ) Pós-graduação ( )

SECÇÃO B

Assinale, conforme adequado, o pagamento eletrónico que utiliza

1. Utiliza o ATM/POS? Sim ( ) Não ( )
2. Utiliza o cartão de débito? Sim ( ) Não ( )
3. Utiliza a transferência móvel? Sim ( ) Não ( )
4. Utiliza o Internet Banking? Sim ( ) Não ( )

SECÇÃO C

(i) FACTORES QUE INFLUENCIAM A ADOPÇÃO DO SISTEMA DE PAGAMENTO ELECTRÓNICO PELOS CLIENTES BANCÁRIOS

5. Considera que a plataforma de pagamento eletrónico é de fácil utilização?
   Sim ( ) Não ( )

6. O sistema de pagamento eletrónico trouxe comodidade e redução de custos nas transacções Sim ( ) Não ( )
7. Considera que a plataforma de pagamento eletrónico é útil? Sim ( ) Não ( )
8. Considera que a plataforma de pagamento eletrónico é difícil de compreender?
   Sim ( ) Não( )

(ii) IMPACTO DO SISTEMA DE PAGAMENTO ELECTRÓNICO NA SATISFAÇÃO DOS CLIENTES BANCÁRIOS

9. Está satisfeito com a utilização do sistema de pagamentos electrónicos Sim ( ) Não ( )

(iii) PROBLEMAS ASSOCIADOS AO SISTEMA DE PAGAMENTO ELECTRÓNICO EM SUBSTITUIÇÃO DO SISTEMA DE PAGAMENTO EM NUMERÁRIO;

10) Considera que o sistema de pagamento eletrónico é afetado por fraudes de pagamento eletrónico?
Sim ( ) Não ( )

11) Considera que o sistema de pagamento eletrónico é afetado por um fornecimento de energia epilético? Sim ( ) Não ( )

12. o pagamento eletrónico é dificultado pelo número limitado de terminais de ponto de venda em locais prioritários ?
Sim ( ) Não ( )

13. os pagamentos electrónicos são afectados por encargos bancários indiscriminados e exorbitantes?
Sim ( ) Não ( )

14. O sistema de pagamento eletrónico é afetado por falhas na rede? Sim ( ) Não ( )

(iv) BENEFÍCIOS ASSOCIADOS À UTILIZAÇÃO DO SISTEMA DE PAGAMENTO ELECTRÓNICO PARA OS CLIENTES BANCÁRIOS;

15. O sistema de pagamento eletrónico trouxe-lhe comodidade na realização das suas transacções? Sim ( ) Não ( )

16. O sistema de pagamento eletrónico reduziu o risco de crimes relacionados com numerário?
Sim ( ) Não ( )

17. O sistema de pagamento eletrónico reduziu o número de pessoas que o assistem nas agências bancárias nigerianas? Sim ( ) Não ( )

18. O Sistema de Pagamento Eletrónico proporcionou-lhe um acesso mais barato aos serviços bancários fora do balcão? Sim ( ) Não ( )

(v) SISTEMA DE PAGAMENTO ELECTRÓNICO E MINIMIZAÇÃO DO USO DE DINHEIRO;

19.O sistema de pagamento eletrónico minimizou a utilização de numerário?
Sim ( ) Não ( )

APÊNDICE II

Tabela 1: Transacções bancárias em numerário e canais de pagamento em dezembro de 2011

1 Canal de pagamento	Volume de transacções
Levantamentos em ATM	**109,592,646**
Levantamentos de numerário no mercado de balcão	**72,499,812**
Cheques	29,159,960
POS	1,059,069
Web	2,703,516

Fonte: Banco Central da Nigéria (2012) Towards a Cashless Nigeria: Tools and Strategies.

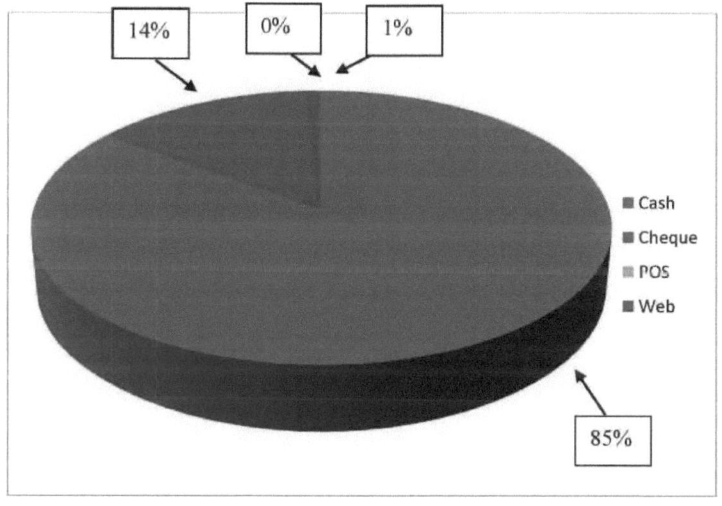

APÊNDICE III

Figura 2: Custo direto do numerário para o sistema financeiro (2009)

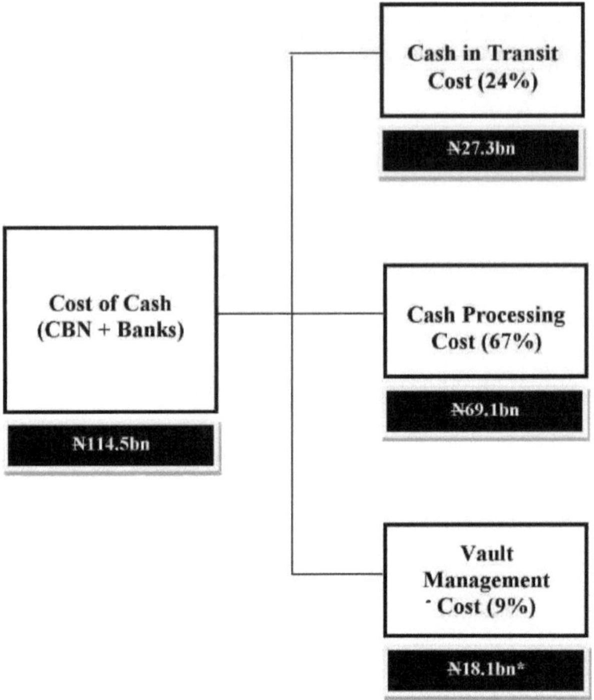

Fonte: Banco Central da Nigéria (2012) Towards a Cashless Nigeria: Tools and Strategies.

Apêndice IV

Impacto do sistema de pagamento eletrónico na satisfação dos clientes.

```
  ___  ____  ____  ____  ____ (R)
 /__    /   ____/   /   ____/
___/   /   /___/   /   /___/   11.0   Copyright 1984-2009
  Statistics/Data Analysis            StataCorp
                                      4905 Lakeway Drive
     Special Edition                  College Station, Texas 77845 USA
                                      800-STATA-PC        http://www.stata.com
                                      979-696-4600        stata@stata.com
                                      979-696-4601 (fax)

Single-user Stata license expires 31 Dec 9999:
       Serial number:  71606281563
         Licensed to:  STATAForAll
                       STATA

Notes:
      1.  (/m# option or -set memory-) 50.00 MB allocated to data
      2.  (/v# option or -set maxvar-) 5000 maximum variables

running C:\Users\King Soldes\Desktop\STATA 11\profile.do ...

. use prydata

. dprobit cussat atm dc mt intb, r

Iteration 0:   log pseudolikelihood = -275.55333
Iteration 1:   log pseudolikelihood = -194.08595
Iteration 2:   log pseudolikelihood = -191.32716
Iteration 3:   log pseudolikelihood = -191.31028
Iteration 4:   log pseudolikelihood = -191.31028

Probit regression, reporting marginal effects          Number of obs =    468
                                                       Wald chi2(4)  = 123.58
                                                       Prob > chi2   = 0.0000
Log pseudolikelihood = -191.31028                      Pseudo R2     = 0.3057

------------------------------------------------------------------------------
             |               Robust
      cussat |      dF/dx   Std. Err.      z    P>|z|     x-bar  [    95% C.I.   ]
-------------+----------------------------------------------------------------
        atm* |   .1063551   .0751275    1.48   0.139   .715812  -.040892  .253602
         dc* |   .3782813   .0772403    4.94   0.000   .692308   .226893   .52967
         mt* |   .1937563   .0404765    4.33   0.000   .523504   .114424  .273089
       intb* |    .152864   .0431687    3.43   0.001   .521368   .068255  .237473
-------------+----------------------------------------------------------------
      obs. P |    .724359
     pred. P |   .7745393  (at x-bar)
------------------------------------------------------------------------------
(*) dF/dx is for discrete change of dummy variable from 0 to 1
    z and P>|z| correspond to the test of the underlying coefficient being 0
```

```
. probit cussat atm dc mt intb, r

Iteration 0:   log pseudolikelihood = -275.55333
Iteration 1:   log pseudolikelihood = -192.29176
Iteration 2:   log pseudolikelihood =  -191.3126
Iteration 3:   log pseudolikelihood = -191.31028
Iteration 4:   log pseudolikelihood = -191.31028

Probit regression                               Number of obs   =        468
                                                Wald chi2(4)    =     123.58
                                                Prob > chi2     =     0.0000
Log pseudolikelihood = -191.31028               Pseudo R2       =     0.3057
```

cussat	Coef.	Robust Std. Err.	z	P>|z|	[95% Conf.	Interval]
atm	.3370514	.2277876	1.48	0.139	-.1094041	.7835069
dc	1.136607	.2302035	4.94	0.000	.6854167	1.587798
mt	.6430875	.1484527	4.33	0.000	.3521256	.9340495
intb	.5074289	.1478451	3.43	0.001	.2176578	.7972
_cons	-.8754835	.1272959	-6.88	0.000	-1.124979	-.6259881

```
. logit cussat atm dc mt intb, r

Iteration 0:   log pseudolikelihood = -275.55333
Iteration 1:   log pseudolikelihood = -193.68955
Iteration 2:   log pseudolikelihood =  -187.8548
Iteration 3:   log pseudolikelihood = -187.78343
Iteration 4:   log pseudolikelihood = -187.78337
Iteration 5:   log pseudolikelihood = -187.78337

Logistic regression                             Number of obs   =        468
                                                Wald chi2(4)    =      97.48
                                                Prob > chi2     =     0.0000
Log pseudolikelihood = -187.78337               Pseudo R2       =     0.3185
```

cussat	Coef.	Robust Std. Err.	z	P>|z|	[95% Conf.	Interval]
atm	.5073218	.3916628	1.30	0.195	-.2603232	1.274967
dc	2.064151	.4232291	4.88	0.000	1.234637	2.893665
mt	1.317325	.2969406	4.44	0.000	.7353316	1.899317
intb	.982888	.264387	3.72	0.000	.4646989	1.501077
_cons	-1.586667	.2314924	-6.85	0.000	-2.040384	-1.13295

```
  ___  ____  ____  ____  ____ (R)
 /__    /   ____/   /   ____/
___/   /   /___/   /   /___/   11.0   Copyright 1984-2009
  Statistics/Data Analysis            StataCorp
                                      4905 Lakeway Drive
     Special Edition                  College Station, Texas 77845 USA
                                      800-STATA-PC        http://www.stata.com
                                      979-696-4600        stata@stata.com
                                      979-696-4601 (fax)

Single-user Stata license expires 31 Dec 9999:
       Serial number:  71606281563
         Licensed to:  STATAForAll
                       STATA

Notes:
      1.  (/m# option or -set memory-) 50.00 MB allocated to data
      2.  (/v# option or -set maxvar-) 5000 maximum variables

running C:\Users\King Soldes\Desktop\STATA 11\profile.do ...

. use prydata

. dprobit cu atm dc mt intb, r

Iteration 0:   log pseudolikelihood = -310.86022
Iteration 1:   log pseudolikelihood = -290.41355
Iteration 2:   log pseudolikelihood = -290.37027
Iteration 3:   log pseudolikelihood = -290.37026

Probit regression, reporting marginal effects           Number of obs =    468
                                                        Wald chi2(4)  =  37.61
                                                        Prob > chi2   = 0.0000
Log pseudolikelihood = -290.37026                       Pseudo R2     = 0.0659

------------------------------------------------------------------------------
         |               Robust
      cu |      dF/dx   Std. Err.      z    P>|z|     x-bar  [    95% C.I.   ]
---------+--------------------------------------------------------------------
    atm* |  -.1494053   .0833327   -1.71   0.087   .715812  -.312734  .013924
     dc* |   .3300148   .0869227    3.67   0.000   .692308    .15965   .50038
     mt* |   .1374987   .0453799    3.00   0.003   .523504   .048556  .226442
   intb* |   .0963795   .0472585    2.03   0.042   .521368   .003754  .189005
---------+--------------------------------------------------------------------
  obs. P |   .6196581
 pred. P |   .6261046  (at x-bar)
------------------------------------------------------------------------------
(*) dF/dx is for discrete change of dummy variable from 0 to 1
    z and P>|z| correspond to the test of the underlying coefficient being 0
```

```
. probit cu atm dc mt intb, r

Iteration 0:   log pseudolikelihood = -310.86022
Iteration 1:   log pseudolikelihood = -290.41355
Iteration 2:   log pseudolikelihood = -290.37027
Iteration 3:   log pseudolikelihood = -290.37026

Probit regression                               Number of obs   =        468
                                                Wald chi2(4)    =      37.61
                                                Prob > chi2     =     0.0000
Log pseudolikelihood = -290.37026               Pseudo R2       =     0.0659
```

cu	Coef.	Robust Std. Err.	z	P>|z|	[95% Conf.	Interval]
atm	-.4097088	.2393699	-1.71	0.087	-.8788651	.0594476
dc	.8627161	.2353125	3.67	0.000	.4015121	1.32392
mt	.3637629	.1212991	3.00	0.003	.1260209	.6015048
intb	.2545824	.1254303	2.03	0.042	.0087436	.5004213
_cons	-.3055993	.1243536	-2.46	0.014	-.5493279	-.0618707

```
. logit cu atm dc mt intb, r

Iteration 0:   log pseudolikelihood = -310.86022
Iteration 1:   log pseudolikelihood = -290.24026
Iteration 2:   log pseudolikelihood = -290.11687
Iteration 3:   log pseudolikelihood = -290.11683
Iteration 4:   log pseudolikelihood = -290.11683

Logistic regression                             Number of obs     =        468
                                                Wald chi2(4)      =      35.61
                                                Prob > chi2       =     0.0000
Log pseudolikelihood = -290.11683               Pseudo R2         =     0.0667
```

cu	Coef.	Robust Std. Err.	z	P>|z|	[95% Conf.	Interval]
atm	-.6514283	.3847701	-1.69	0.090	-1.405564	.1027071
dc	1.389185	.3798253	3.66	0.000	.6447415	2.133629
mt	.6127102	.1988795	3.08	0.002	.2229136	1.002507
intb	.4319442	.203501	2.12	0.034	.0330896	.8307989
_cons	-.5119056	.201037	-2.55	0.011	-.9059309	-.1178803

Impacto do sistema de pagamento eletrónico na minimização de filas de espera.

```
  ___  ____  ____  ____  ____ (R)
 /__    /   ____/   /   ____/
___/   /   /___/   /   /___/   11.0   Copyright 1984-2009
  Statistics/Data Analysis            StataCorp
                                      4905 Lakeway Drive
     Special Edition                  College Station, Texas 77845 USA
                                      800-STATA-PC        http://www.stata.com
                                      979-696-4600        stata@stata.com
                                      979-696-4601 (fax)

Single-user Stata license expires 31 Dec 9999:
       Serial number:  71606281563
         Licensed to:  STATAForAll
                       STATA

Notes:
      1.  (/m# option or -set memory-) 50.00 MB allocated to data
      2.  (/v# option or -set maxvar-) 5000 maximum variables

running C:\Users\King Soldes\Desktop\STATA 11\profile.do ...

. use prydata

. label variable queue `"Qmin"'

. rename queue Qmin

. dprobit Qmin atm dc mt intb, r

Iteration 0:   log pseudolikelihood = -295.03878
Iteration 1:   log pseudolikelihood = -271.18605
Iteration 2:   log pseudolikelihood = -271.06621
Iteration 3:   log pseudolikelihood =  -271.0662

Probit regression, reporting marginal effects           Number of obs =    468
                                                        Wald chi2(4)  =  47.56
                                                        Prob > chi2   = 0.0000
Log pseudolikelihood = -271.0662                        Pseudo R2     = 0.0813

------------------------------------------------------------------------------
         |               Robust
    Qmin |      dF/dx   Std. Err.      z    P>|z|     x-bar  [    95% C.I.   ]
---------+--------------------------------------------------------------------
    atm* |  -.1076763    .070577    -1.46   0.144   .715812  -.246005 .030652
     dc* |    .283828   .0781588     3.64   0.000   .692308    .13064 .437016
     mt* |   .1353662   .0446634     3.00   0.003   .523504   .047827 .222905
   intb* |      .1421   .0463809     3.04   0.002   .521368   .051195 .233005
---------+--------------------------------------------------------------------
  obs. P |   .6752137
 pred. P |   .6879483  (at x-bar)
------------------------------------------------------------------------------
(*) dF/dx is for discrete change of dummy variable from 0 to 1
    z and P>|z| correspond to the test of the underlying coefficient being 0
```

```
. probit Qmin atm dc mt intb, r

Iteration 0:   log pseudolikelihood = -295.03878
Iteration 1:   log pseudolikelihood = -271.17326
Iteration 2:   log pseudolikelihood =  -271.0662
Iteration 3:   log pseudolikelihood =  -271.0662

Probit regression                               Number of obs   =        468
                                                Wald chi2(4)    =      47.56
                                                Prob > chi2     =     0.0000
Log pseudolikelihood =  -271.0662               Pseudo R2       =     0.0813

------------------------------------------------------------------------------
             |               Robust
        Qmin |      Coef.   Std. Err.      z    P>|z|     [95% Conf. Interval]
-------------+----------------------------------------------------------------
         atm |  -.3163316   .2165106    -1.46   0.144    -.7406845    .1080213
          dc |   .7707798   .2115977     3.64   0.000      .356056    1.185504
          mt |   .3827219   .1274075     3.00   0.003     .1330078    .6324361
        intb |   .4020322   .1323405     3.04   0.002     .1426497    .6614148
       _cons |  -.2271029   .1240121    -1.83   0.067    -.4701621    .0159563
------------------------------------------------------------------------------
```

```
. logit Qmin atm dc mt intb, r

Iteration 0:   log pseudolikelihood = -295.03878
Iteration 1:   log pseudolikelihood = -271.20519
Iteration 2:   log pseudolikelihood = -270.87753
Iteration 3:   log pseudolikelihood = -270.87724
Iteration 4:   log pseudolikelihood = -270.87724

Logistic regression                     Number of obs   =        468
                                        Wald chi2(4)    =      46.01
                                        Prob > chi2     =     0.0000
Log pseudolikelihood = -270.87724       Pseudo R2       =     0.0819
```

Qmin	Coef.	Robust Std. Err.	z	P>|z|	[95% Conf.	Interval]
atm	-.486745	.3352332	-1.45	0.147	-1.14379	.1703
dc	1.248344	.3283548	3.80	0.000	.6047801	1.891907
mt	.6423583	.2145805	2.99	0.003	.2217882	1.062928
intb	.6668046	.2215107	3.01	0.003	.2326517	1.100958
_cons	-.386741	.1992607	-1.94	0.052	-.7772848	.0038028

Printed by Books on Demand GmbH, Norderstedt / Germany